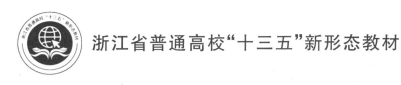

浙江省普通高校"十三五"新形态教材

U0182721

零基础玩转控制器
——基于 Arduino 的开发及应用

主　编　吴飞青
副主编　屈稳太　吴成玉

ZHEJIANG UNIVERSITY PRESS
浙江大学出版社

图书在版编目（CIP）数据

零基础玩转控制器：基于 Arduino 的开发及应用 /
吴飞青主编. —杭州：浙江大学出版社，2020.7
　　ISBN 978-7-308-20144-5

　　Ⅰ. ①零… Ⅱ. ①吴… Ⅲ. ①单片微型计算机－程序
设计－教材 Ⅳ. ①TP368.1

中国版本图书馆 CIP 数据核字（2020）第 061337 号

零基础玩转控制器——基于 Arduino 的开发及应用

主　编　吴飞青
副主编　屈稳太　吴成玉

责任编辑　王元新
责任校对　徐　霞
封面设计　龚亚如
出版发行　浙江大学出版社
　　　　　（杭州市天目山路 148 号　邮政编码 310007）
　　　　　（网址：http://www.zjupress.com）
排　　版　杭州好友排版工作室
印　　刷　杭州高腾印务有限公司
开　　本　787mm×1092mm　1/16
印　　张　9.5
字　　数　243 千
版 印 次　2020 年 7 月第 1 版　2020 年 7 月第 1 次印刷
书　　号　ISBN 978-7-308-20144-5
定　　价　32.00 元

前　言

　　单片机原理及应用是一门技术性、应用性较强的课程,对学生的应用能力、创新能力培养影响深远。从近些年的就业情况来看,单片机开发能力强的学生就业口径相对较宽,比较容易找到工作,因而各个学校都十分重视对该课程的改革,而如何激发学生的兴趣一直是本课程改革的重点和难点。不管是国外教材还是国内教材,传统单片机教材的编写顺序基本上是先讲解单片机的内部硬件结构,再讲解指令、编程的基本知识,最后从外围扩展到应用举例。这种编写模式,学生感觉很枯燥,学到后面内容时几乎已把前面的知识全部忘记,难以调动学生的学习兴趣。

　　本书打破了传统单片机的编写方式,以实际工程系统的技术需求作为编写的主线,各章的内容从"系统模型"的某个环节展开。通过实际工程和生活案例——洗衣机控制器,将洗衣机控制器的功能分解成一个个小任务,每个小任务都是一个具体的案例,让学生在课中主动参与,在讲解任务的同时讲解与任务有关的硬件和编程知识,任务之间是循序渐进的,这样可以让学生在具体任务中更好地理解外围硬件和编程语言的应用,不再像传统单片机知识讲解那样空洞及零散,从而减轻了学生学习硬件结构和指令的痛苦。上述措施虽对单片机原理和编程有很大帮助,但要理解好以硬件为主的接口方法,必须通过搭建硬件电路,同时进行软件编程,这样可以使学生很直观地理解。因而在教材中引入英国 Labcenter Electronics 公司开发的 EDA 工具软件 Proteus 对每个实例进行仿真,可全天候进行实验并在实例中理解内容。学生还可通过扫描二维码在线获取所需内容,对所学知识有直观、形象的认识,真正领会其含义,便于课后自主探索和互动学习。同时,每个任务也配套有教学讲解视频,帮助改变学生的学习习惯及方式,激发学生的学习兴趣,提高学生工程实践动手和设计创新能力。本教材对探索循序渐进的、可行的适用于应用型本科院校学生的单片机应用能力的培养模式、方法和途径有着积极的现实意义,也可为其他课程的编写提供参考。

近些年,为解决我国产业化面临的问题,政府提出"中国制造 2025"计划,而智能控制是智能制造中的重要组成部分,决定着"中国制造 2025"能否顺利实施,因而培养智能控制相关的应用性人才迫在眉睫。我校为应用型本科院校,主要是为社会和企业培养应用性技术人才。不得不说,当前我国面临的突出问题就是学生创新精神不够、实践能力不足,如何有效提高学生创新精神和实践能力是我校也是所有应用型本科院校教学的重点和难点。本教材的编写对提升高校创新创业教学能力,提高学生的实践动手能力,提高应用型本科院校学生就业竞争力,为培养"中国制造 2025"国家战略急需的创新性人才提供支撑。同时本教材还是目前流行的电子创客及创意机器人的核心课程,也可为创新创业人才提供支撑。

本教材第 1 章由浙大宁波理工学院喻平编写,第 2 章由浙大宁波理工学院吴飞青和吴成玉共同编写,第 3 章由浙大宁波理工学院屈稳太和福建省泉州市奕聪中学吴泽清共同编写,第 4 章由浙大宁波理工学院吴飞青和吴双卿共同编写,第 5 章由浙大宁波理工学院吴飞青编写,全书由吴飞青统稿。本教材配套的资料有:PPT 课件、书中所有的源程序。

本教材获批浙江省普通高校"十三五"首批新形态教材,受浙江大学宁波理工学院特色专业(2018)建设经费资助。本书在编写过程中,参考了许多优秀教材,也借鉴了它们的宝贵经验,同时陆佳斌、章丽姣、杨丰源、何韬和黄泽玺等同学也做了大量的调试工作,在此一并表示诚挚的感谢。

由于编者水平有限,书中难免存在错误和不妥之处,敬请读者不吝指正。

编　者

2019 年 11 月

目　　录

第1章 Arduino 硬件和软件

1.1 Arduino 硬件

1.1.1 Arduino 简介

早在 Arduino 出现以前,已有各种功能丰富的单片机广泛应用于工农业、军事、航天航空和日常生活等领域。这些单片机一般是将中央处理器(CPU)、存储器、定时器/计数器、中断系统、输入/输出(I/O)接口等部件制作在同一块集成电路芯片上,相当于一台尺寸极其微小的迷你型计算机。但是,一般单片机的学习开发门槛较高,阻碍了许多有创意和想法的设计人员使用。2005 年年末,意大利伊夫雷亚互动设计学院(Interaction Design Institute Ivrea)的教师 Massimo Banzi 为了解决机器人设计中的控制器问题,让他的学生 David Mellis和西班牙的微处理器设计工程师 David Cuartielles 共同设计了 Arduino(见图 1.1),它实际上是一套包含了硬件和软件的开源单片机开发工具集。Arduino 是以伊夫雷亚互动设计学院附近一个酒吧的名字命名的,而该酒吧的取名源于意大利一个古老国王的名字。

图 1.1 Arduino 的开发团队

1

Arduino 基于一种共享创意许可的方式在互联网上发布,是一个同时包含软件和硬件的开源项目。它一出现便快速流行起来,甚至被很多非电类专业的设计人员所掌握,使用者只需稍加学习即可用 Arduino 单片机快速实现设计原型。对于熟悉软件编程的设计人员来讲,Arduino 单片机很容易上手,因为 Arduino 已经将一些常用硬件功能以函数的形式封装起来,直接供用户调用,从这个意义上讲,Arduino 又好像是一套微控制器的软件编程框架,是一种易于学习、使用简单、功能却十分强大的微控制器。由于 Arduino 的开放特性,它最初的设计得到了逐步改进,新的版本也不断推出。据官方统计,仅 2013 年从官方渠道售出的 Arduino 板就超过了 70 万套,此外,他们还通过许多分布在世界各地的分销商进行销售。

1.1.2　Arduino 硬件资源

自从第一版 Arduino 发布以来,已经相继发布了数十个不同版本,但一般都包含一片 8 位的 Atmel 单片机。其中比较经典的版本包括 Arduino Uno、Arduino Duemilanove、Arduino Nano 和 Arduino Mega 等。本教材将以 2010 年年底发布的标准版本 Arduino Uno(见图 1.2)为例介绍 Arduino 的硬件资源。Arduino 电路板主要包括以下部分。

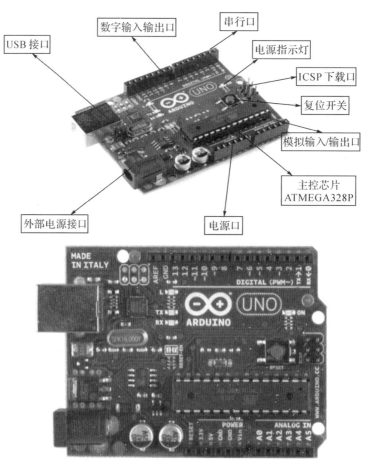

图 1.2　Arduino Uno 电路板

1. 电源

　　Arduino 要正常工作,必须要对其供电。Arduino Uno 中供电可采用两种最简单的方式:一种是使用圆形 DC 电源插孔,其使用常见的电压变压器就可给 Arduino 提供 7~12V 的电源,如图 1.3(a)所示;另一种是使用方形的通用串行总线(USB)插座,如图 1.3(b)所示。USB 接口除了可以提供 5V 的电源外,同时可实现将程序下载到 Arduino 板中,并在 Arduino 板和计算机之间双向传送数据。这使得 Arduino 的开发使用非常方便,即只需要一根外部连接线即可达到同时供电和下载程序的目的。如果 Arduino Uno 同时连接了 USB 和外接 DC 电源,则会优先选择切换到外接 DC 电源。

图 1.3　Arduino 分别采用外接 DC 电源和 USB 电源供电

2. 处理器

　　处理器是 Arduino 的大脑,在 Arduino Uno 中采用的处理器是 Atmel AVR Atmega 328,它是一片 8 位的高性能单片机。在 Atmega 328 内部封装了中央处理单元(CPU)、存储数据以及程序的内存、时钟和一些接口电路。内存包含程序存储器和数据存储器。Flash 内存用于写入和保存数据,ATmega328 提供 32KBFlash 内存,其中 0.5KB 用于保存特殊程序 Bootloader。静态 RAM 用于运行时临时储存数据,大小为 2KB。RAM 中的数据掉电之后丢失。电可擦可编程只读存储器(Electrically Erasable Programmable Read-Only Memory,EEPROM)用来保存程序的额外数据,如数学公式的值,或者 Arduino 读取到的传感器读数。掉电之后,它储存的数据不会丢失,中央处理单元能够按程序执行指令,实现算术和逻辑运算功能。Atmega328 在 Arduino Uno 中工作于 16MHz 的频率下,为保持兼容性,其他版本的 Arduino 中亦使用此工作频率。中央处理单元能够按照程序执行指令,实现算术和逻辑运算功能。

3. 输入/输出(I/O)引脚

　　Atmega 328 具有功能丰富的引脚如图 1.2 所示下部分,Arduino 重新对这些引脚进行了定义和功能分配。Arduino Uno 的输入/输出引脚分布在板子的上下两排。上排编号为 0~13 的是数字输入/输出引脚(DIGITAL),可以根据指令在不同引脚上检测和产生数字信号。其中标有波浪号(~)的引脚还可以输出变化的信号,可以将 0~255 的值转换为一个模拟电压输出。下排引脚分为两组,一组 A0~A5 为模拟信号输入引脚(ANALOG IN),用于检测这些引脚上呈现的模拟信号量;另一组为电源引脚(POWER),可通过这些引脚对

Arduino 供电,或是让 Arduino 输出 3.3V 和 5V 电压以供给其他电子设备,连接到复位按钮(RESET)的可外接重启引脚实现重置功能。需要让 Arduino 从头开始执行程序时,也可以直接按下电路板上的 RESET 按钮让板子复位。通过这些输入/输出引脚还可以扩展板子的功能,比如为系统添加以太网接口、添加数码显示屏等扩展板(Shields 板)。

4. 程序下载接口

要在计算机(主机)上编写代码以实现所设计的程序控制功能,还需要将代码编译后从主机下载到 Arduino Uno 板的 Atmega 328 芯片当中。Arduino Uno 中可使用两种方式下载程序:USB 接口和 ICSP 下载口。Arduino 中使用 USB 接口下载程序实际上利用的是串口,即使用编号为 0 和 1 的数字输入/输出引脚来传输数据,由 USB 插座附近一块额外的小芯片 ATmega8U2 来完成 USB 到串口的转换控制,因此在下载程序时要确保引脚 0 和 1 未被其他外部模块使用。Arduino Uno 也可通过 6 针的 ICSP 插座下载口对空白的处理器烧录引导装载程序固件。这个插座可以把 Arduino 板直接连接到一个芯片编程器,绕过芯片内的引导装载程序固件来烧录程序。

5. LED 指示灯

为了便于程序下载和简单测试,Arduino Uno 还提供了 4 个指示用的发光二极管(LED)指示灯。标有"ON"的指示灯是电源指示灯,在 Arduino 板上电时会点亮;标有"TX"和"TR"的是串口通信收/发指示灯,在向板子下载程序时会不停闪烁;标有"L"的是预留给用户作简单指示灯使用的,它连接到串联了一个内部电阻的 13 号数字 I/O 引脚上。

1.2 Arduino 软件

1.2.1 Arduino 开发流程

上面介绍了 Arduino 的硬件组成,而要使 Arduino 工作发挥其强大的功能,还需要配合相应的软件程序。Arduino 设计的初衷就是要让设计人员能快速实现创意的原型,所以应用其开发的流程十分简单。图 1.4 是 Arduino 开发的一般流程,主要步骤包括编写程序、编译代码、下载到 Arduino 板、测试和调试等。

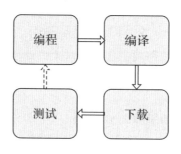

图 1.4　Arduino 的开发流程

(1)编写程序:Arduino 中采用的编程语言类似于 C/C++的风格,编写程序的过程就是设计者将期望实现的控制功能以程序语言的方式表达出来。一般高级语言都以一种易被人理解的方式设计,因而只要你熟悉创意的流程就可以较容易地编写出代码。

(2)编译代码:以高级语言编写的代码虽然设计人员较易理解,但却不能被 Arduino 板上的芯片所识别并执行。在数字芯片中,所有的指令都以 010101…的二进制形式进行编码,因此需要一个从高级程序语言到二进制的转换工具。下一节我们将介绍的集成开发环境中就提供了这种功能。

(3)下载到芯片:编写程序和编译代码一般都是在开发主机上进行的,所以最终需将二进制代码下载到 Arduino 中的 Atmega 芯片当中,使 Atmega 328 能按照代码正确执行指令。Arduino 中程序下载极其方便,只要将 Arduino 板和开发主机通过 USB 总线相连,使用下面将介绍的集成开发环境的下载功能即可实现一键下载。程序下载的过程中,Arduino 板上标识为“TR”和“TX”的 LED 灯会不停闪烁,表明开发主机是通过串口向 Arduino 板上的芯片传送程序代码,程序下载完成若无错误会立即执行。

(4)测试和调试:已经下载了程序代码的 Arduino 可以无须连接开发主机正常工作,这时电源亦可采用外接变压器供电。通常,设计人员还需根据功能来进行测试,看看是否能满足需求。如果发现问题或错误,需要重新返回到编写程序的步骤,并重复以上步骤进行调试与修改。

1.2.2　Arduino 开发环境

1. 安装驱动程序

Arduino 官方网站以开源形式提供了开发工具软件,本书以 1.6.0 版本为例,下载地址是 http://arduino.cc/en/Main/Software(见图 1.5)。Arduino 软件包括 Windows、Mac OS X 和 Linux 等多个操作系统平台的版本,例如 Windows 下的免安装版文件为 arduino-1.6.0-windows.zip。

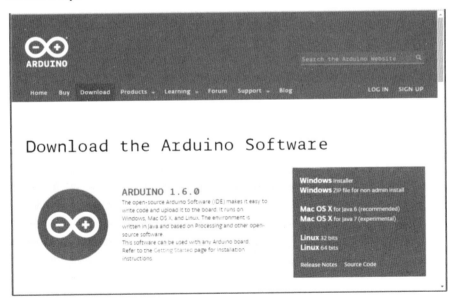

图 1.5　Arduino 软件下载页面

首次将 Arduino 板和开发主机通过 USB 总线连接时,计算机并不能立即识别 Arduino 设备(见图 1.6),需要安装相应的硬件驱动程序,该驱动程序可以在上述下载的软件包当中找到。以 Windows 7 为例,解压 arduino-1.6.0-windows.zip 文件,将包括如图 1.7 所示目录和文件,Arduino 的驱动程序就位于 drivers 目录下。

图 1.6　未成功安装 Arduino 驱动程序提示

名称 ▲	修改日期	类型	大小
drivers	2014/11/22 11:40	文件夹	
examples	2014/11/22 11:40	文件夹	
hardware	2014/11/22 11:40	文件夹	
java	2014/11/22 11:40	文件夹	
lib	2014/11/22 11:41	文件夹	
libraries	2014/11/22 11:41	文件夹	
reference	2014/11/22 11:41	文件夹	
tools	2014/11/22 11:41	文件夹	
arduino.exe	2014/9/16 15:46	应用程序	844 KB
arduino_debug.exe	2014/9/16 15:46	应用程序	383 KB
cygiconv-2.dll	2014/9/16 15:46	应用程序扩展	947 KB
cygwin1.dll	2014/9/16 15:46	应用程序扩展	1,829 KB
libusb0.dll	2014/9/16 15:46	应用程序扩展	43 KB
revisions.txt	2014/9/16 15:46	TXT 文件	39 KB
rxtxSerial.dll	2014/9/16 15:46	应用程序扩展	76 KB

图 1.7　解压后的 Arduino 软件包

从控制面板中打开设备管理器(见图 1.8),可以看到由于主机中没有合适的驱动程序,Arduino Uno 设备图标中显示一个黄色标志。点击右键,从菜单中选择"更新驱动程序软件(P)..."弹出图 1.9 所示的更新驱动程序软件对话框。选择"浏览计算机以查找驱动程序软件(R)",找到图 1.7 中 drivers 目录(见图 1.10),点击"下一步",在进行正式安装前会有一个 Windows 安全确认信息(见图 1.11),点击"安装"可进行驱动程序的安装。成功安装了驱动程序的主机电脑的设备管理器中 Arduino Uno 设备排列在端口类别下,如图 1.12 所示。注意:这里的设备 Arduino Uno(COM3)中 COM3 表示目前的 Arduino 板连接在

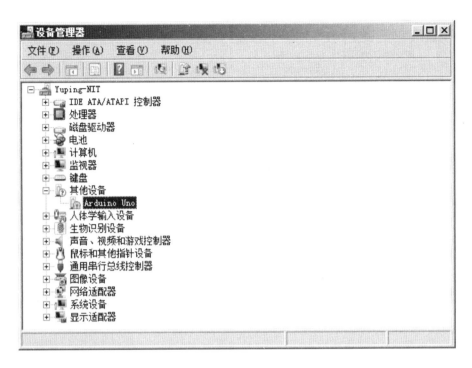

图 1.8　设备管理器中未安装驱动程序的 Arduino Uno

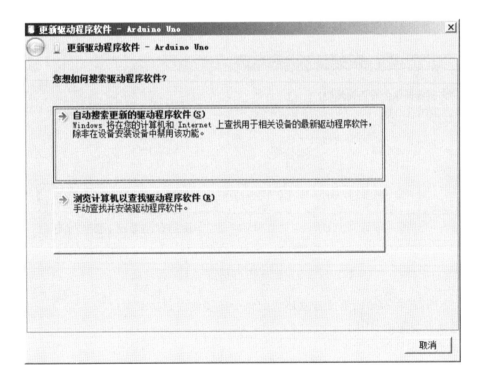

图 1.9　更新驱动程序对话框

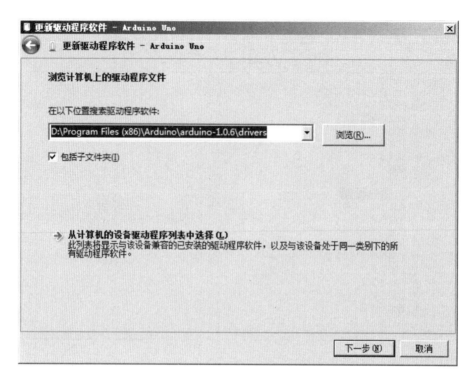

图 1.10　选择"驱动程序位置"对话框

图 1.11　安装驱动程序时的安全提示对话框

COM3 这个串口,在后续的集成开发环境配置中还要使用到这个串口号。

2. 集成开发环境(IDE)

(1)集成开发环境的设置

安装好驱动程序以后,就可以使用集成开发环境进行 Arduino 的开发了,流程如图 1.4 所示,但在这之前还需进行适当的设置以方便使用。点击图 1.7 所示文件夹中的可执行文件 arduino.exe 即可打开 IDE 软件(见图 1.13)。为确保正常使用 IDE 进行开发,通常还需

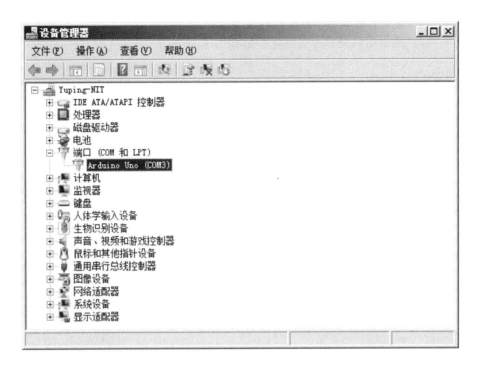

图 1.12　设备管理器中安装好驱动的 Arduino Uno

要进行以下设置：

更改界面语言：Arduino 开发环境默认使用了英文菜单，为使用方便也可将其界面语言设置为中文。具体步骤是：从菜单栏 File 的下拉菜单（见图 1.14）中选择 Preferences 弹出 Preferences 设置对话框，将 Editor language 修改为"简体中文（Chinese Simplified）"即可

图 1.13　Arduino 软件的默认界面

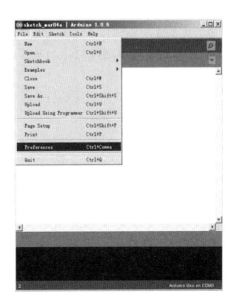

图 1.14　文件菜单的中选项命令

（见图 1.15）。更改了语言后程序界面语言并不会立即更新为中文，需要退出 IDE 软件后重新启动才会生效，重启后的集成开发环境界面如图 1.16 所示。

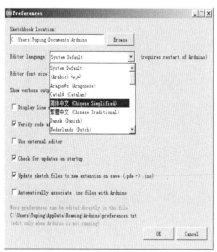
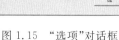

图 1.15　"选项"对话框

图 1.16　IDE 软件中文界面

设置 Arduino 板卡型号：为了让 IDE 能正确编译、下载程序，需设置正确的 Arduino 板型。具体步骤是：在工具菜单的下拉菜单中选择板卡，并在下一级菜单中选择对应的 Arduino 板型即可。这里应选择的是 Uno（见图 1.17）。

设置连接 Arduino 的串口号：当开发主机连接多张 Arduino 板时，将会使用不同的串口号和 Arduino 板进行通信。为了将程序下载到正确的 Arduino 板上，需要选择相应的串口号。如图 1.18 所示，在工具菜单的下拉菜单中选择串口，在下一级菜单中选择 COM3。由于我们这里只连接了一张 Arduino 板，所示只显示了一个串口 COM3，这个串口与图 1.12 所示设备管理器中的串口号一致。若开发主机未连接任何一张 Arduino 板卡，则此项菜单显示为灰色，即不可用（见图 1.19）。

（2）集成开发环境的使用

Arduino 的 IDE 软件界面主要包括标题栏、菜单栏、常用工具栏、程序编辑区和提示信息区等几个部分。

标题栏：IDE 软件界面的最顶端部分是标题栏，从左侧起依次是 Arduino 的图标、当前程序（Sketch）的名字、Arduino 版本号和控制按钮，如图 1.20 所示。

菜单栏（见图 1.21）：提供了 Arduino 的 IDE 软件所有功能的入口，分为文件、编辑、程序、工具和帮助五个菜单入口（见图 1.22）。

常用工具栏（见图 1.23）：提供了开发中经常使用到的程序功能。校验工具对当前的代码校验查错并进行编译，如果代码有错误会在信息提示区报告相应错误信息。下载工具编译程序代码并将其写入 Arduino 的芯片程序存储器当中，这些代码中的指令将指挥处理器按既定要求运行。新建工具会重新创建一份程序，新建的程序会默认以当前的日期命名，如图 1.24 当中的 sketch_mar05a，表示该程序是在 3 月 5 号创建的，a 表示是当天创建的第一份程序。打开和保存工具分别实现打开一个已经存在的程序或保存当前正在编辑的程序。

图 1.17　板卡选择菜单

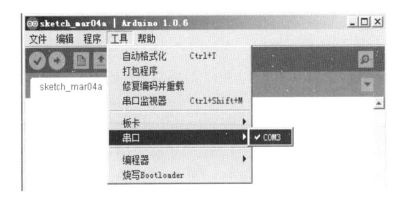

图 1.18　连接串口选择菜单

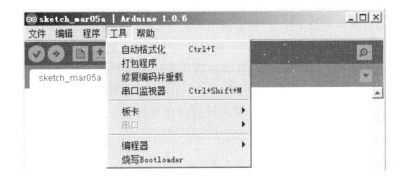

图 1.19　未连接 Arduino 板时的菜单中串口

图 1.20　标题栏

文件　编辑　程序　工具　帮助

图 1.21　菜单栏

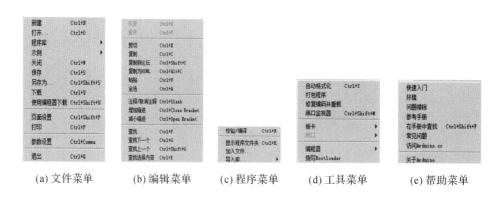

(a) 文件菜单　　(b) 编辑菜单　　(c) 程序菜单　　(d) 工具菜单　　(e) 帮助菜单

图 1.22　菜单栏的下一级菜单

在常用工具栏的最右边,还有一个非常实用的工具——串口监视器。通过串口监视器可以查看和当前 Arduino 板之间以串口方式进行通信的有关数据信息,方便程序的调试和查错。

图 1.23　常用工具栏

　　程序编辑区:Arduino 中程序以文件夹的形式进行管理,同一程序可能会包含多个代码文件,这些文件的扩展名为.ino,其管理方式类似于 C/C++中的一个项目。例如,保存当前的 sketch_mar05a 程序会将 sketch_mar05a.ino 保存到一个名为 sketch_mar05a 的文件夹当中。随着编写的程序越来越长,通常希望将其分成几个文件进行保存,这时可通过点击程序编辑区右侧的小箭头弹出下拉菜单选择新建标签命令(见图 1.25)创建新的代码文件(标签)。输入程序代码文件名后保存,就会在程序编辑区内产生一新的标签,如图 1.26 所示的 function_a。若保存当前程序则会在 sketch_mar05a 文件夹中产生 function_a.ino 文件(见图 1.27)。利用图 1.25 中的下拉菜单还可以实现标签的选择、删除和重命名等。

图 1.24　程序编辑区　　　　　　　　　图 1.25　标签管理菜单

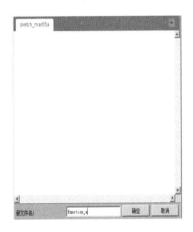

图 1.26　为创建新标签命名提示　　　　　图 1.27　新建立的标签

　　信息提示区:IDE 软件界面的最底部为信息提示区(见图 1.28),包括三类信息:IDE 软件运行提示信息,代码编译或错误信息,行号、Arduino 类型和连接串口信息。在程序开发过程中,经常要结合编译信息或错误信息进行修改和调试。

IDE 软件运行提示信息

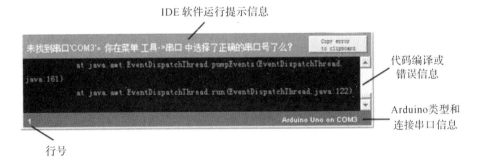

代码编译或
错误信息

Arduino类型和
连接串口信息

行号

图 1.28　信息提示区

1.2.3 Arduino 语言及开发

为便于初学者学习使用,Arduino 软件还提供了大量的示例程序,可以从文件→示例的下一级菜单中打开进行介绍(见图 1.29)。下面以内建演示程序 blink.ino 为例介绍具体操作步骤。从图 1.30 的 blink.ino 的源代码中可见,Arduino 采用的开发语言类似于 C/C++的风格:使用"/ * …… * /"或"//"表示程序的注释说明,函数体都采用一对花括号"{……}",语句皆以分号";"结束等。但不同的是,这里并没有 C/C++语言中必需的主函数 main,取而代之的是 setup 和 loop 函数。这两个函数是一个典型 Arduino 程序的基本函数。setup 又称为初始化函数,即为 loop(函数)中程序运行做好准备工作。

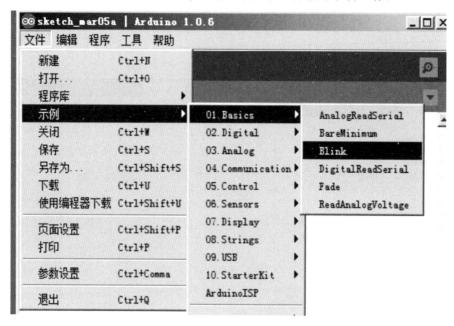

图 1.29　打开 blink 示例程序菜单

本例中 setup 函数为:pinMode(13,OUTPUT);就是告诉 Arduino 将数字引脚设为输出引脚,后面在 loop 函数中将会用到。loop 函数会不停地执行其内部的语句,这里包括了两个函数:digitalWrite 和 delay。delay 是一个延时函数,该函数告诉处理器等待 delay(1000)则指示处理器等待 1000ms(1s)而不作任何操作。digitalWrite 则是向某引脚上输出特定电压,这里 digitalWrite(13, HIGH)是向 13 引脚上输出高电平,而 digitalWrite(13, LOW)是向 13 引脚上输出低电平。由于数字 13 引脚连接了标示为"L"的 LED 灯,因而 blink.ino 程序代码的功能就是反复点亮和熄灭该 LED 灯。Arduino 将大多数常用的单片机硬件操作封装在此类函数当中,设计人员直接调用或作少量修改即可使用。Arduino 软件还提供了大量的示例程序。

Arduino 开发主要有三个阶段:第一阶段为设定初始条件,如端口映射及定义一些需要加入控制器的变量(int led=13,定义一个整型变量 led,指向端口 13);第二阶段为编写初始化程序(void setup()),主要是对端口的状态、通信的协议波特率等进行定义,尤其要注意的是只运行一次。第三阶段是编写主程序(void loop()),在这一部分放入需要反复从头到尾

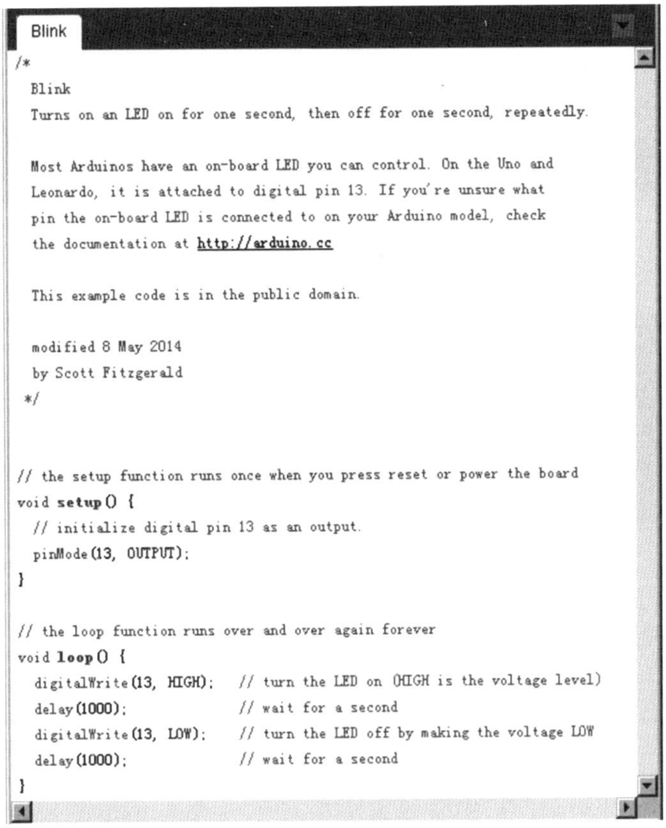

```
Blink
/*
Blink
Turns on an LED on for one second, then off for one second, repeatedly.

Most Arduinos have an on-board LED you can control. On the Uno and
Leonardo, it is attached to digital pin 13. If you're unsure what
pin the on-board LED is connected to on your Arduino model, check
the documentation at http://arduino.cc

This example code is in the public domain.

modified 8 May 2014
by Scott Fitzgerald
*/


// the setup function runs once when you press reset or power the board
void setup() {
  // initialize digital pin 13 as an output.
  pinMode(13, OUTPUT);
}

// the loop function runs over and over again forever
void loop() {
  digitalWrite(13, HIGH);   // turn the LED on (HIGH is the voltage level)
  delay(1000);              // wait for a second
  digitalWrite(13, LOW);    // turn the LED off by making the voltage LOW
  delay(1000);              // wait for a second
}
```

图 1.30　blink 示例程序源代码

循环的代码,Arduino 会一直从头到尾地执行 loop 循环中的内容。

```
        /*设定初始条件,如端口映射及定义一些需要加入控制器的变量*/
void setup( ) /*初始化,如端口的状态、通信的协议波特率*/
        {
        }
void loop( ) /*主函数,循环执行*/
        {
        }
```

　　在程序编辑区内,注释、函数、数值和常量等皆以不同颜色显示,以方便程序的编写和修改。点击常用工具栏上的"编译"按钮,IDE 将调用相应的编辑工具对当前的程序进行编译,并给出可能的错误等提示信息(见图 1.31)。如果编译结果提示没有错误,我们就可以将程序下载到 Arduino 板了。点击常用工具栏当中的"下载"按钮,IDE 会首先对当前程序进行编译,如果没有错误,则会启动相应的连接端口将编译后的二进制代码下载到 Arduino 的 atmega 芯片当中存储起来,信息提示区会报告下载的结果(见图 1.32)。处理器会执行这些指令,显示出相应的效果。这里我们会立即观察到 Arduino 板上标示为"L"的 LED 灯不断闪烁。

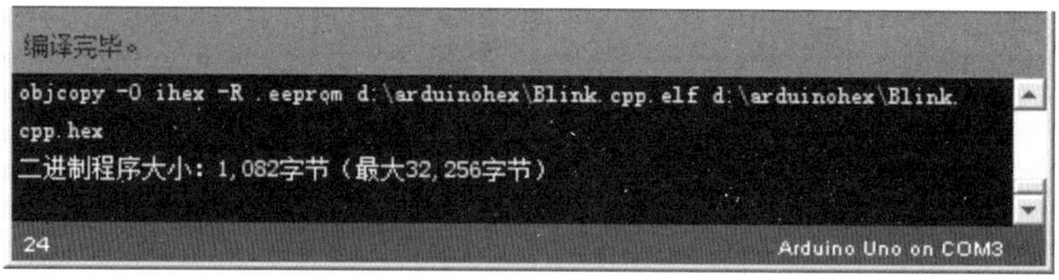

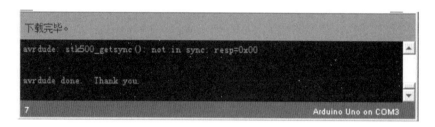

编译完毕。
objcopy -O ihex -R .eeprom d:\arduinohex\Blink.cpp.elf d:\arduinohex\Blink.
cpp.hex
二进制程序大小：1,082字节（最大32,256字节）
24
Arduino Uno on COM3

图 1.31　编译完成提示信息

下载完毕。
avrdude: stk500_getsync(): not in sync: resp=0x00
avrdude done. Thank you.
7
Arduino Uno on COM3

图 1.32　下载成功提示信息

第 2 章　Arduino 控制器的仿真软件

Proteus 软件是由英国 Labcenter Electronics 公司开发的 EDA 工具软件,由 ISIS 和 ARES 两个软件构成,其中 ISIS 是一款便携式的电子系统仿真平台软件,ARES 是一款高级的布线编辑软件。在 Proteus 中,从原理图设计、单片机编程、系统仿真到 PCB 设计一气呵成,真正实现了从概念到产品的完整设计。

2.1　Proteus 仿真软件介绍

2.1.1　Proteus 软件的安装与运行

Proteus 软件对计算机的配置要求不高,一般的计算机上都能安装,安装结束后,在桌面的"开始"程序菜单中,单击运行原理图(ISIS 7 Professional)进入运行界面,如图 2.1 所示。

图 2.1　ISIS 7.5 Professional 运行界面

Proteus ISIS 的工作界面是一种标准的 Windows 界面,窗口包括工具栏、绘图工具栏、对象旋转控制按钮等,如图 2.2 所示。

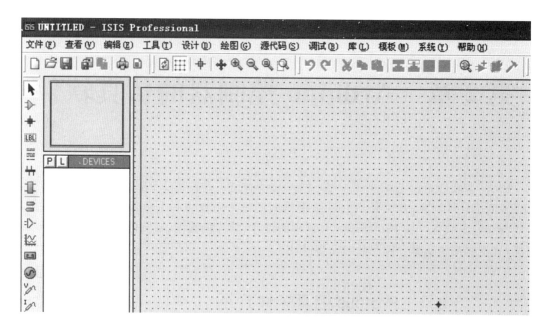

图 2.2　Proteus ISIS 的工作界面

2.1.2　Proteus ISIS 编辑环境简介

运行 Proteus ISIS 的执行文件后,即进入如图 2.3 所示的 Proteus ISIS 编辑环境。

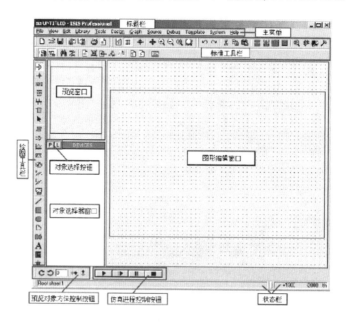

图 2.3　Proteus ISIS 编辑环境

Proteus ISIS 编辑环境包含标题栏、预览窗口、主菜单区、主工具栏区(标准工具栏)、绘图工具栏区(工具箱)、对象选择器窗口、对象选择按钮区、预览对象方位控制按钮区、仿真按钮区、图形编辑窗口和状态栏区等。点状栅格区域为编辑窗口,用于放置元器件,进行连线和绘制原理图。预览窗口可以显示全部原理图。在预览窗口中有两个框,蓝框表示当前页的边界,绿框表示当前编辑窗口显示的区域。当从对象选择器中选中一个新的对象时,预览窗口可以预览选中的对象。下面主要介绍常用的工具箱、主工具栏和仿真按钮等。

1. 工具栏

Proteus ISIS 工具栏中各图标的具体功能如图 2.4 所示。

2. 主工具栏按钮和仿真工具栏按钮

主工具栏按钮和仿真工具栏按钮的具体功能如图 2.5 所示。

2.1.3　Proteus ISIS 编辑环境

对整个 Proteus ISIS 开发界面有了初步的了解之后,接着以新建设计文件为例来说明编辑环境的使用。

1. 文件的新建和保存

在 Proteus ISIS 窗口中,选择"文件"→"新建设计"菜单项,弹出如图 2.6 所示对话框。选择合适的模板(通常选择 DEFAULT 模板),单击"确定"按钮,即可完成新设计文件的创建。

选择"文件"→"保存设计"菜单项,将弹出如图 2.7 所示对话框。

在"保存"下拉列表框中选择目标存放路径,并在"文件名"框中输入该设计的文档名称。同时,保存文件的默认类型为"Design File",即文档自动加扩展名".DSN",单击"保存"按钮即可。

Proteus ISIS 有友好的用户界面及强大的原理图编辑功能,在图形编辑窗口内就可以完成电路原理图的编辑和绘制。

2. 电路原理图的设计方法和步骤

(1)创建一个新的设计文件。

(2)设置工作环境。

(3)选择元件。

①将 Proteus ISIS 设置为元件模式,选中元件图标(1)后,单击对象选择器中的(2)按钮,将弹出"元件库浏览"对话框,如图 2.8 所示。

②在"关键字"文本框中输入一个或多个关键字(电阻输入 res,二极管输入 diode,发光二极管输入 led,电容输入 cap,电感输入 inductor,变压器输入 transform,电源输入 simu等),如在图 2.9 中输入 328p,则在结果区域显示出元件库中元件名或元件描述中带有"328p"的元件。或使用元件类列表和元件子类列表,滤掉不希望出现的元件,定位要查找的元件,并且将元件添加到设计中。

③在元件列表区域中双击"元件"(或选中之后再点击右下角的"OK"按钮),即可将元件添加到设计中。

④当完成元件的提取后,单击"确定"按钮关闭对话框,并返回 Proteus ISIS。

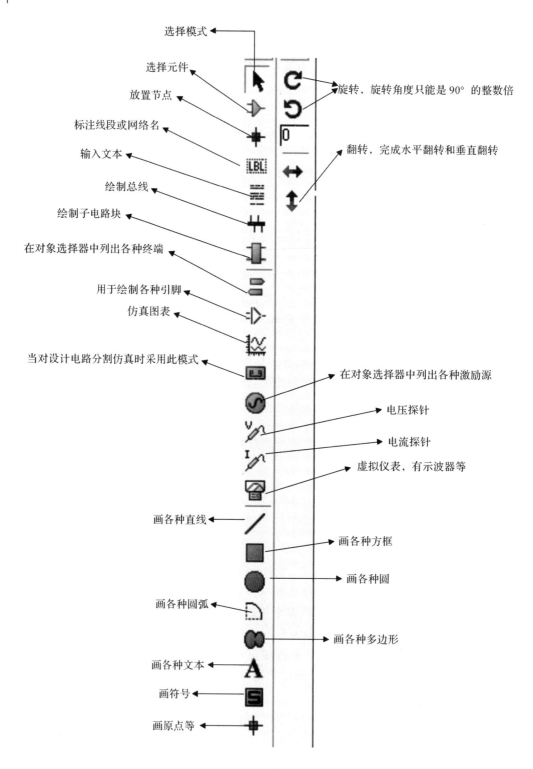

选择模式

选择元件

放置节点

标注线段或网络名

输入文本

绘制总线

绘制子电路块

在对象选择器中列出各种终端

用于绘制各种引脚

仿真图表

当对设计电路分割仿真时采用此模式

画各种直线

画各种圆弧

画各种文本

画符号

画原点等

旋转，旋转角度只能是 90° 的整数倍

翻转，完成水平翻转和垂直翻转

在对象选择器中列出各种激励源

电压探针

电流探针

虚拟仪表，有示波器等

画各种方框

画各种圆

画各种多边形

图 2.4　工具栏图标功能

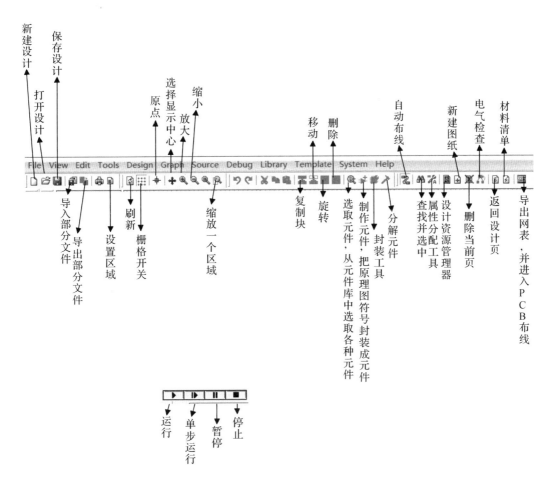

图 2.5　主工具栏和仿真工具栏功能

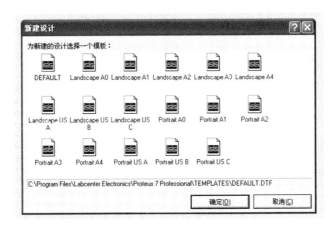

图 2.6　建立新的设计文件

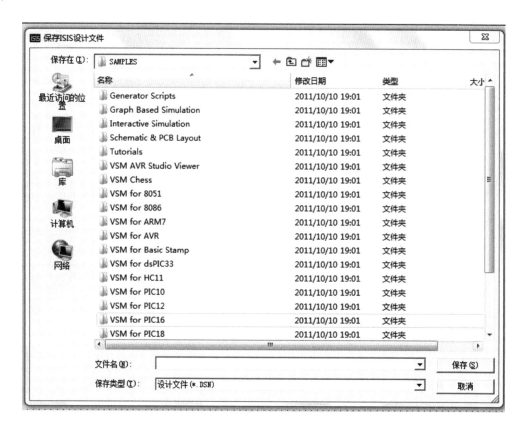

图 2.7　保存 ISIS 设计文件

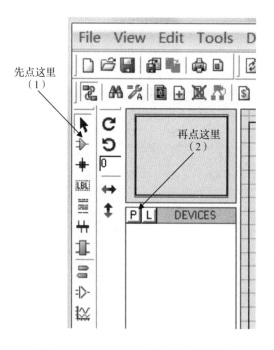

图 2.8　Proteus ISIS 设置为元件模式

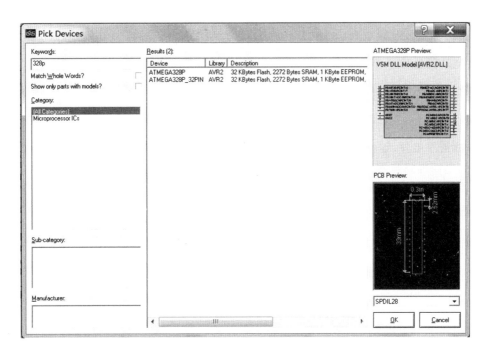

图 2.9 "元件库浏览"对话框

3. 放置元件

(1)用鼠标指向选中的元件,单击。

(2)在编辑窗口中希望元件出现的位置双击,即可放置元件(见图 2.10)。

(3)根据需要,使用旋转及镜像按钮确定元件的方位。

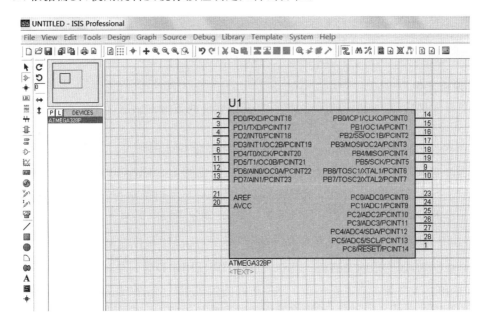

图 2.10 元件放置

4. 删除元件

用鼠标指向选中的元件,单击右键可以删除该元件,同时删除该对象的所有连线。

5. 拖动元器件

拖动元件可通过以下两种方法实现:①当元件被选中后,用鼠标指向选中的元件,用左键拖动该元件到希望放置的位置。②当执行块对对象拖动时,可先单击左键,然后通过按住不放来选中块,最后整体拖动。

6. 放置正电源、地(线)

放置电源操作步骤为:单击模式工具栏中的"终端"按钮(见图 2.11),在 ISIS 对象选择器中单击"POWER",再在图形编辑区要放置电源的位置单击"完成"。放置地及其他终端的操作与正电源类似。

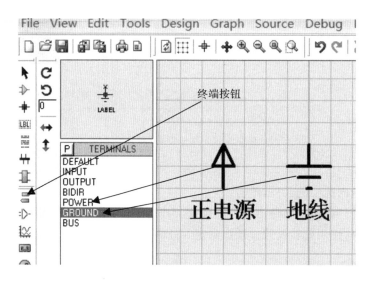

图 2.11　放置元件到图形编辑窗口

7. 编辑元件

放置好元件后,双击相应的元件,即可打开该元件的编辑对话框。下面以电阻(R)的编辑为例,介绍元件的编辑。

(1)图 2.12(b)中的 Component Refrence 用于编辑元件标号,Resistance 用于编辑元件值。需要改变电阻参数时,只需双击电阻,对话框变成图 2.12(b),可对 Resistance 中的值进行修改。当电路较复杂时,用户可根据需要设置元件标签的显示与隐藏,此时用户只需点击图中显示的"隐藏",即可隐藏元件的标签。单击"确定"按钮,结束元件的编辑。

(2)连续编辑多个对象的标签。点击 ▶ 图标后,依次用鼠标左键单击各个标签,都将弹出一个如图 2.13 所示的对话框。其中,"Label"选项用于设置对象标签的名称和位置。

(3)移动元件标签。当需要在元件标签所在的位置布线时,用户需要移动元件标签。方法是选中所需移动标签的元件,然后将鼠标放置到元件标签上,按下鼠标的左键移动元件标签,如图 2.14 所示。

(4)将元件放置到合适的位置之后,就需要在元件间进行布线。系统默认实时捕捉和自

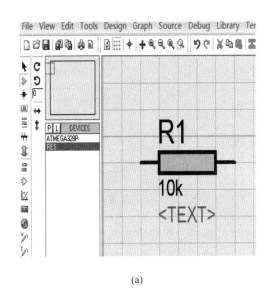

(a)

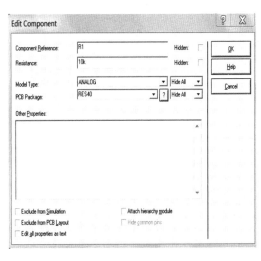

(b)

图 2.12　编辑元件对话框

动布线有效。相继单击元器件引脚间、线间等要连线的两处,会自动生成连线。

①实时捕捉:在实时捕捉有效的情况下,当光标靠近引脚末端或线时,该处会自动感应出一个"×",表示从此点可以单击画线。

②自动布线:在前一指针着落点和当前点之间会自动预画线,即在引脚末端选定第一个画线点后,随指针移动自动有预画线出现,当遇到障碍时,会自动绕开,如图 2.15 所示。

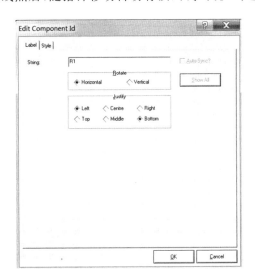

图 2.13　编辑元件标签的对话框

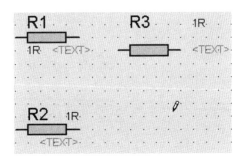

图 2.14　编辑窗口布线

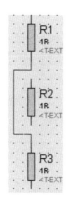

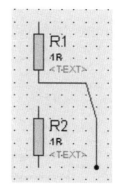

图 2.15 自动画线绕开电阻 R_2 图 2.16 画线中以任意角度画线

③手工调整线形：手工画直角线，只需直接在移动鼠标的过程中单击鼠标左键即可。若要手工以任意角度画线，在移动鼠标的过程中按住 Ctrl 移动指针，预画线自动随指针成任意角度，确定后单击即可，如图 2.16 所示。

发光二极管驱动仿真电路如图 2.17 所示。

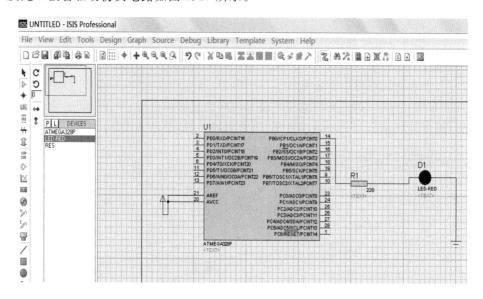

图 2.17 发光二极管驱动仿真电路

2.2 Proteus 的虚拟仿真工具

在仿真过程中（见图 2.17），难免会碰到很多问题，为了查找和解决问题，需要一些测试设备。

Proteus ISIS 的 VSM（Virtual Simulation Mode，虚拟仿真模式）提供包括交互式动态仿真仪器和基于图表的静态仿真仪器。

（1）交互式动态仿真通过在编辑好的电路原理图中添加相应的电压/电流探针，或放置虚拟仪器,然后单击控制面板的仿真运行按钮,即实时可测电路的实时输出。

(2)基于图表的静态仿真,仿真结果可随时刷新,并以图表的形式保留在图中,可供以后分析或随图纸一起打印输出。

2.2.1　虚拟仪器

单击工具箱中的虚拟仪表按钮,对象选择窗口列出所有的虚拟仪器名称,具体功能如图 2.18 所示。

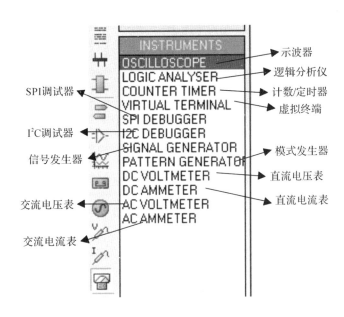

图 2.18　虚拟仪器列表

1. 示波器

(1) 放置虚拟示波器,如图 2.19 所示。

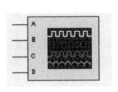

图 2.19　虚拟示波器

(2) 虚拟示波器的使用。示波器的四个接线端 A、B、C、D 可以分别接四路输入信号,这些信号的另一端应接地。该虚拟示波器能同时观看四路信号的波形。

(3)按仿真运行进行仿真,出现如图 2.20 所示的示波器运行界面。

(4)调节示波器模块,如图 2.20 所示。

①通道区:虚拟示波器共有四个通道区,每个通道的操作功能都一样。其主要有两个旋钮,"Position"用来调整波形的垂直位移;"Position"下面的旋钮用来调整波形的幅值档位,其内旋钮是微调,外旋钮是粗调。

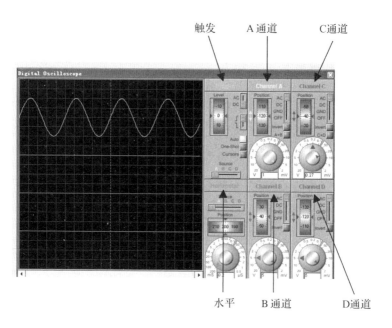

图 2.20　仿真运行后的示波器运行界面

②触发区:"Level"用来调节水平坐标。"Auto"一般为粉红色选中状态。"Cursors"光标按钮选中后,可以在示波器界面标注横坐标值和纵坐标值,从而读出波形的电压和周期。

③水平区:"Position"用来调整波形的左右位移,"Position"下面的旋钮用来调整扫描频率档位。

2. 电压表和电流表

Proteus VSM 提供了四种电表,它们的符号及功能如图 2.21 所示,它们从左到右的功能分别为测量直流电的电压、直流电的电流、交流电的电压和交流电的电压。

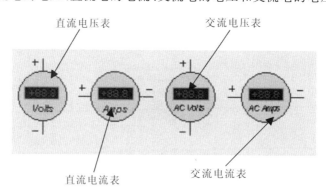

图 2.21　各种电表的原理图符号

双击任一电表的原理图符号,出现其"属性设置"对话框,如图 2.22 所示是直流电压表的"属性设置"对话框。

"元件参考"项用于给该直流电压命名,"元件值"不填,在显示范围"Display Range"中有四个选项,用来设置电压是伏、毫伏或微伏,缺省值是伏。

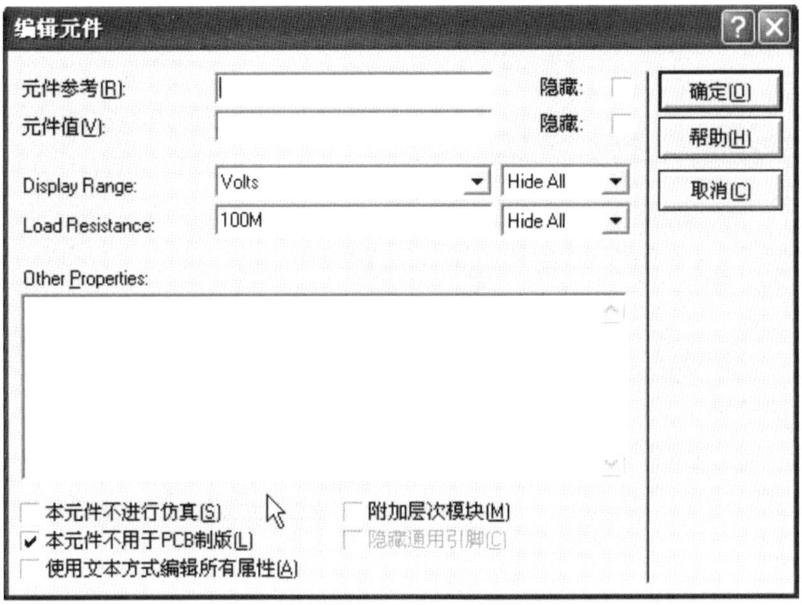

图 2.22 直流电压表的"属性设置"对话框

2.2.2 图表仿真

Proteus VSM 的虚拟仪器为用户提供交互动态仿真功能,还提供一种静态的图表仿真功能,即图表仿真。图表仿真可以得到整个电路分析结果,并且可以直观地对仿真结果进行分析。同时,图表分析能够在仿真过程中放大一些特别的部分,进行一些细节上的分析,如交流小信号分析和噪声分析等。

图表仿真功能的实现包括以下步骤:

(1)在电路中对被测点加电压探针,或在被测支路加电流探针。

(2)选择放置波形的类别,并在原理图中拖出用于生成仿真波形的图表框。

(3)在图表框中添加探针。

(4)设置图表属性。

(5)单击图表仿真按钮生成所加探针对应的波形。

(6)存盘及打印输出。

1. 放置探针

基于图表的电路仿真就是探针记录电路的波形,最后显示在图表中。单击"电压探针"按钮，将在浏览窗口中显示电压探针的外观。可以使用旋转按钮调整探针的方向,再在编辑窗口将电压探针放置到合适的位置。用鼠标右键单击电压探针,此时,电压探针以高亮显示,再用鼠标左键单击该探针,弹出"编辑电压探针"对话框,在此可编辑探针的名称,如图 2.23 所示。

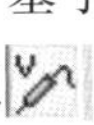

2. 添加设置仿真图表

在 Proteus ISIS 左侧工具箱中选择"图形"按钮,在对象选择区列出了所有的波形类别,如图 2.24 所示。

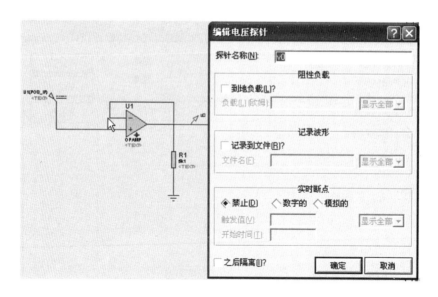

图 2.23　设置探针属性

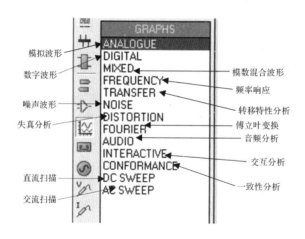

图 2.24　仿真波形选择

如选择"ANALOGUE"按钮,在编辑窗口放置图表的位置按下鼠标左键,并拖动鼠标,此时将出现矩形图表轮廓,将图表拖到合适的大小,松开鼠标左键,将会出现如图 2.25 所示的图表。

(1)在图表中添加探针。选择主菜单"绘图"→"添加图线",打开如图 2.26 所示的"添加轨迹"对话框。

在图 2.26 中,选择轨迹类型下面的"模拟",单击"探针 P1"的下拉箭头,出现所有的探针名称。选中所需的探针;选中图表分析框(见图 2.27),此时矩形呈高亮显示,用鼠标左键单击图表分析框,弹出如图 2.28 所示的对话框。在此设置标题、仿真起始时间、仿真终止时间等。

(2)电路仿真。单击"绘图"→"仿真图表"菜单命令,启动图表仿真,如图 2.29 所示。

图 2.25　拖出的图表框

图 2.26　"添加轨迹"对话框

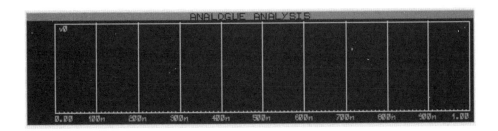

图 2.27　添加探针后的图表框

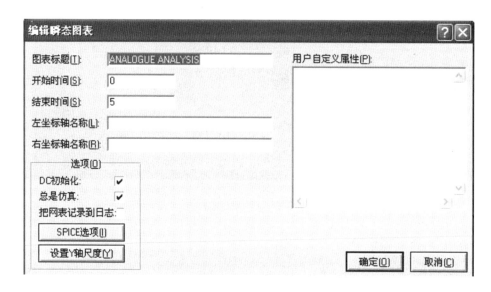

图 2.28　"编辑瞬态图表"对话框

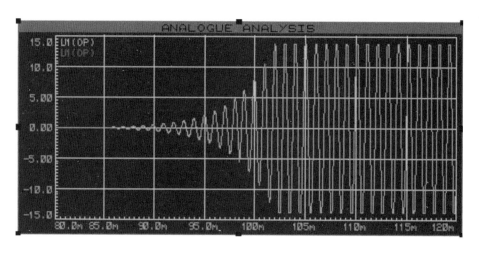

图 2.29　仿真波形

2.3　Arduino 单片机与 Proteus 仿真的联调

　　Proteus 软件可以对 Arduino 单片机进行仿真,仿真的基本过程如下:①根据要求,在 Proteus ISIS 软件中绘制原理图以及需实现的功能;②根据电路原理图以及需实现的功能,在 Arduino IDE 编译器中编写相应的程序并编译通过;③在电路原理中进行仿真调试。程序编写完后,选择 Arduino IDE 编程界面菜单栏的 Tools 菜单项,再选择"Board"→"Arduino Duemilanove w/ATmega328",也可以选择"Board"→"Arduino Uno"等,需根据控制板的实际型号进行选取,然后点击"编译"按钮,生成 Hex 文件(可执行文件)。有了 Hex 文件,接着转到 Proteus 电路原理图,双击原理图中型号为 ATMEGA328P 单片机,出现对话框,通过文件目录浏览的方法确定 Hex 文件存储位置,并进行一些单片机芯片工作状态参数的设置,最后点击 Proteus ISIS 软件界面左下方的运行按钮,就可以看到 Arduino 单片机在 Proteus 仿真环境中的运行效果了。

2.3.1　可执行文件生成

图 2.30 中显示的程序是一个最简单的 Arduino 单片机项目实例,其任务是使连在 Arduino 单片机数字端口 13 上的 LED 发光二极管不断闪烁。

图 2.30　Arduino 程序的编译

在 Arduino 编译之前,最好先建立一个新文件夹用来存储程序以及编译生成的可执行文件,以方便加载时查找,这里介绍在 D 盘建立一个文件夹,用来专门放置 Hex 文件,文件名可以随便取,我命名为 Arduino_Hex,然后点击 Arduino 软件界面菜单栏的"File"→"Preferences",打开对话框,如图 2.31 所示。把 Show verbose output during 的两个参数项打钩,用来在信息栏中显示相应的编译信息,然后双击 preferences. txt 文件,找到文件所在位置,并用记事本打开文件。这时要点击 Arduino 界面 preferences 对话框下方的"OK"按钮,接着关掉 Arduino IDE 编程界面。最后,在刚才打开的 preferences 文档的最后一行编辑加入 build. path＝d:\Arduino_Hex,或者在 boardsmanager. additional. urls＝和 build. verbose＝true 之间加上 build. path＝c:\led,然后保存文档。这样以后再编译 Arduino 程序,就可以在 d:\Arduino_Hex 中看到编译的 Hex 目标文件了。

2.3.2　可执行文件(hex 文件)的加载及参数位置

在 Proteus 软件里绘制 Arduino 单片机控制 LED 闪烁的原理图,如图 2.32 所示。双击图 2.32 中的 Proteus 电路原理图中 ATMEGA328P 单片机,出现"编辑"对话框,单击

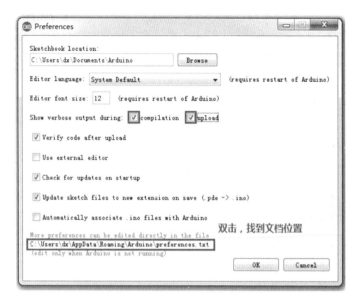

图 2.31　Arduino 的 Preference 参数设置

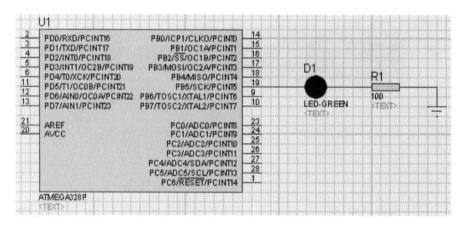

图 2.32　Arduino 项目实例 LED 闪烁的硬件原理

"Program File"参数项的"文件夹"按钮,以此确定 Hex 文件的位置。到 d:\Arduino_Hex 文件夹中可以找到当前程序的 Hex 文件。上个程序的 Hex 文件会被新编译的 Hex 文件 "冲掉",所以您每次进行仿真项目时,都要编译一次 Arduino 程序。然后把"CLKDIV8(Divide clock by 8)"参数项修改为"Unprogrammed";把"CKSEL Fuses"参数项修改为"(1111) Ext. Crystal 8.0-MHz";把 Advanced Properties 的 Clock Frequency 参数项设为 16MHz, 如图 2.33 所示,如果对时针没有任何要求,也可不用设置直接默认即可。最后点击"编辑" 对话框的"确定"按钮后就可以仿真了。

在使用控制板的时候,控制板上的管脚与仿真软件上的芯片管脚的编号是不一样的,图 2.34 是 Arduino UNO 端口与 Atmel328P 管脚对应图,外层的数字为控制板管脚号,如左 边的 0,1,2,3,4,5,6,7,右边的 8,9,10,11,12,13 等;内层为仿真管脚号,如左边的 2,3,4, 5,6,11,12,13,21,20,右边的 14,15,16,17,18,19,9,10,23,24,25,27,27,28,1。

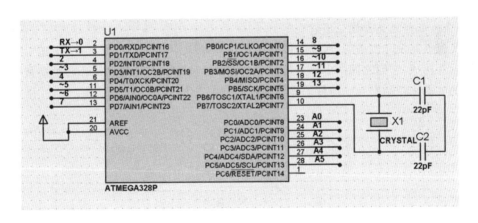

编辑元件属性

| 元件标注： | U1 | | 隐藏：□ | | 确定 |
| 元件型号： | ATMEGA328P | | 隐藏：□ | | 帮助 |

PCB Package:	SPDIL28	▼	?	Hide All	▼	数据
Program File:	..\..\Arduino_Hex\led.cpp.hex	📁		Hide All	▼	隐藏引脚
CLKDIV8 (Divide clock by 8)	(1) Unprogrammed	▼		Hide All	▼	取消
CKOUT (Clock output)	(1) Unprogrammed	▼		Hide All	▼	
RSTDISBL (External reset disable)	(1) Unprogrammed	▼		Hide All	▼	
WDTON (Watchdog Timer Always On)	(1) Unprogrammed	▼		Hide All	▼	
BOOTRST (Select reset vector)	(1) Unprogrammed	▼		Hide All	▼	
CKSEL Fuses:	(1111) Ext. Crystal 8.0-MHz	▼		Hide All	▼	
Boot Loader Size:	(00) 1024 words. Starts at 0x1C	▼		Hide All	▼	
SUT Fuses:	(10)	▼		Hide All	▼	

Advanced Properties:

| Clock Frequency | ▼ | 16MHz | | Hide All | ▼ |

Other Properties:

☐ 当前元件不参与仿真   ☐ 附加层次模块
☐ 当前元件不用于 PCB 制版   ☐ 隐藏元件共同引脚
☐ 使用文本方式编辑所有属性

图 2.33 Proteus 原理图中的 ATMEGA328P 芯片中 Hex 文件加载和参数设置

图 2.34 Arduino UNO 端口与 Atmel328P 引脚对应

第3章 显示模块

Arduino 语言是建立在 C/C++ 基础上的,其实也就是基础的 C 语言,Arduino 语言只不过把 AVR 单片机(微控制器)相关的一些参数设置都函数化了,不用开发者去了解它的底层,这让不了解 AVR 单片机(微控制器)的开发者也能轻松上手。传统单片机教材的编写顺序是先写内部硬件结构,然后是指令、编程基本知识,最后从外围扩展到应用举例。本书颠覆了传统单片机的编写顺序,通过实际生活案例——洗衣机控制器,将控制器所需外围器件的功能分为显示模块、信号采集、检测模块和驱动模块,然后从这些模块的功能中分解出一个个小任务,每一个小任务就是一个具体的案例,在讲解任务的同时讲解与任务有关的硬件和编程知识,任务之间是循序渐进的,每个任务配套有原理图、带参考程序的仿真图等。

3.1 发光二极管

任务一 点亮发光二极管

在洗衣机控制中,通过控制发光二极管(Light Emitting Piode,LED)的亮灭来提醒使用者,那么该如何点亮发光二极管呢?

要实现点亮发光二极管,所需的硬件电路由一块 Arduino 控制板、一个发光二极管、一个电阻元件构成,它们之间的电路连接原理如图 3.1 所示。其通过 Arduino 控制板 13 引脚输出高低电平来控制发光二极管的亮与灭。

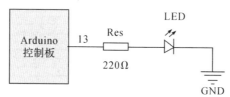

图 3.1　发光二极管驱动电路原理

✓　**参考程序**

```
#define ledPin 13      //声明 ledPin 为数字接口 13
void setup(  )    //初始化函数
{
  pinMode(ledPin,OUTPUT);  //设定数字接口 13 为输出接口
```

```
}
    void loop(    )              //主函数
    {
      digitalWrite(ledPin,HIGH);        //将 LED 点亮
    }
```

✓ **硬件说明**

　　发光二极管是二极管的一种,所以下面介绍一下二极管的制造工艺。在一块完整的晶片上,用不同的掺杂工艺使晶体的一边形成 P 型半导体,另一边形成 N 型半导体,那么在两者的交界处就会形成 PN 结。PN 结是构成二极管、三极管、场效应管等半导体器件的基础。当 PN 结两端加正向电压(即 P 侧接电源的正极,N 侧接电源的负极)时,PN 结呈现的电阻很低,正向电流大(导通状态);当 PN 结两端加反向电压(即 P 侧接电源的负极,N 侧接电源的正极)时,PN 结呈现很高的电阻,反向电流微弱(截止状态),这就是 PN 结的单向导电性。二极管是由一个 PN 结,加上引线、接触电极和管壳构成的器件(见图 3.2)。半导体二极管又称晶体二极管,简称二极管,它是只往一个方向传送电流的电子元件。二极管有多种分类方法,按用途分为整流二极管(见图 3.3)、稳压二极管、检波二极管、发光二极管(见图 3.4)、开关二极管(见图 3.5)、光电二极管等。不同类型二极管的符号如图 3.6 所示。

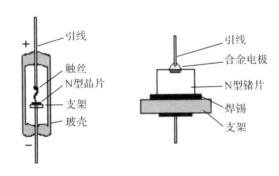

图 3.2　二极管的结构

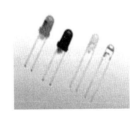

图 3.3　整流二极管　　　　　图 3.4　发光二极管　　　　　图 3.5　开关二极管

(a)一般二极管　　　　(b)稳压二极管　　　　(c)发光二极管　　　　(d)光电二极管

图 3.6　不同类型二极管的符号

发光二极管是直接将电能转变为光能的发光器件,也具有普通二极管的单向导电性。发光二极管的正向电压一般为 $1.3\sim2.4\mathrm{V}$,亮度与正向电流成正比,一般需要额定电流 $10\sim20\mathrm{mA}$。

如何点亮二极管？除了注意二极管的极性以外,还要注意二极管的电压和电流,从图 3.7 可以看出,二极管的左边必须给高电压,右边必须给低电压,也就是说左边电压必须要高于右边电压,如果两边电压之差小于其阈值电压(即二极管的正向压降),二极管不能点亮,这时需增加电压差,但是又不能无限增加,若超出了发光二极管所承受的耐压,会使发光二极管直接烧掉,因而为了避免发光二极管烧毁,一般都串联一个电阻。

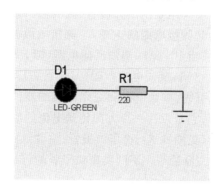

图 3.7　限流电阻电路

✓ **语言说明**

(1);(分号)表示 Arduino 语言语句的结束符号。Arduino 语言规定,语句的结束符用分号(;)来进行标识。

(2)｛　｝表示 Arduino 语言的函数体。

(3)// 表示 Arduino 语言的解释部分,也可以用/＊　　＊/。

(4)关键字 Define——预处理命令。define 是预处理命令,用于宏定义,可以提高源代码的可读性,为编程提供方便。预处理命令以"＃"号开头,如包含命令＃include,宏定义命令＃define 等,一般都放在源文件的前面,称为预处理部分。预处理是指在进行编译之前所做的工作。预处理是 C 语言的一个重要功能,它由预处理程序负责完成。当对一个源文件进行编译时,系统将自动引用预处理程序对源程序中的预处理部分作处理,处理完毕自动进入对源程序的编译。预处理功能主要有以下三种:①宏定义;②文件包含;③条件编译。接下来重点介绍宏定义,文件包含与条件编译请参考相关书籍。

在程序中常会采用符号常量,符号常量采用宏指令＃define 定义,其定义格式如下:

＃define　　常量名　　　　常量值

例如:采用如下指令定义 PI,在其后程序中,所有出现 PI 的地方,编译程序都编译成 3.14159,相当于汇编语言伪指令"EQU":

＃define　　PI　　3.1416

(5) setup( )函数和 loop( )函数——两个基本函数;初始化函数和主函数(循环函数)。

setup( )函数和 loop( )函数是 Arduino 语言结构中最基本的两个函数,它们的基本结构如下:

```
void setup()
    {
    }
    void loop()
    {
    }
```

当项目开始运行时会调用 setup( )函数,这个函数的功能是初始化一些变量、引脚状态及一些调用的库等。当 Arduino 控制器通电或复位后,setup( )函数会运行一次。loop( )函数是 Arduino 语言结构中不可缺少的一个函数,即为 Arduino 语言中的主函数,因而应把编写好的代码放入 loop( )函数中。loop( )函数是在 setup( )函数之后(即初始化之后),让控制程序循环地被执行。

(6) pinMode(ledPin,OUTPUT)——定义 ledPin 对应的引脚为输出模式。

pinMode( )函数格式:pinMode(pin, mode)——数字 I/O 口输入输出模式定义函数,pin 表示管脚,范围是 0～13(数字管脚),mode 参数为 INPUT 或 OUTPUT。要使用 Arduino 的引脚(有时又称端口、接口、管脚),先要在 setup( )函数中定义引脚的模式,如 pinMode(5, INPUT);定义控制器 5 引脚为输入引脚,即外部信号可以通过 5 引脚输入。

(7) digitalWrite(ledPin,HIGH)函数

digitalWrite( )函数格式:digitalWrite(pin, value)——数字 I/O 口输出电平定义函数,pin 表示管脚,范围为 0～13(数字管脚),value 的值为 HIGH 或 LOW,如定义 HIGH 表示输出高电平,本任务根据图 3.1 的外围电路可知输出高电平可以点亮对应的发光二极管;如定义 LOW,则相反。

digitalWrite( )函数是对数字引脚进行输出操作,如果要从控制器外围电路中读取数字信号呢? 这就要用到 digitalRead( )函数,digitalRead( )函数格式:digitalRead(pin)——数字 I/O 口输入电平定义函数,pin 表示管脚,范围为 0～13(数字管脚)。

上述函数都是针对数字信号的,其实 Arduino 也可以处理模拟信号。若是模拟信号,只要把单词 digital 改成模拟的单词即可,模拟输入为 analogRead( )和模拟输出为 analogWrite( )。

模拟读函数格式:analogRead(pin)——模拟 I/O 口读函数,pin 表示为模拟引脚 0～5(Arduino UNO 为引脚 A0～A5,注意是模拟引脚,不是数字引脚),读取引脚的模拟量电压值,每读一次需要花 100ms 的时间,返回值为 int 值。这是因为 Arduino 控制器在读取模拟量时通过 10 位的 A/D 转换器把输入模拟量直接转换成数字量输出,模拟输入范围为 0～5V,对应的数字量范围为 0～1023。如果 A0 输入的模拟量为 2.2V,analogRead(A0)的输出是数字量(读者不用处理,单片机自动会转换好)。如何根据换转好的数字量来获取模拟输入量? 用表达式(转换好的数字量×5.0)/1023 即可。

Arduino 控制器严格意义上来说是没有模拟信号输出口的,是通过数字引脚输出不同的高低电平来模拟模拟信号实现的(即改变有效电压)。改变高低电平的时间称为脉宽调制(Pulse Width Modulate,PWM)。能用来输出模拟信号的引脚只有数字引脚 3,5,6,9,10,11(Arduino UNO),在硬件板上,这些引脚一般会在引脚前标注"～",其余的不能实现。模拟信号可用于电机调速或音乐播放等。

模拟输出函数格式:analogWrite(pin, value)——pin 表示引脚3,5,6,9,10,11,value 值为 0~255,将 0~255 的值转换为一个模拟电压输出即该引脚将产生一个指定占空比的稳定方波(PWM 信号),直到下一次调用 analogWrite()才结束,PWM 的信号频率约为490Hz。value 值的范围为 0~255,对应的模拟电压为 0~5V,即 value 值为 0,输出为全低电平,模拟电压为 0V;value 值为 255,输出为全高电平,模拟电压为 5V;value 值为 128,输出占空比为 50%,模拟电压为 2.5V;转换关系为模拟量=(5/255)×(value 值),如 analogWrite(8,200),其 8 引脚对应的模拟量输出量为(5/255)×200≈3.92V。

发光二极管的亮度能不能改变,根据具体情况来定。比如,除引脚3,5,6,9,10,11外,与发光二极管的串联电阻不变的话,它的亮度是不可改变的。通过引脚3,5,6,9,10,11 来控制的发光二极管,可以对其亮度进行改变,那么是如何实现的呢? 其实是通过改变管脚的输出电压。下面通过引脚 6 来控制发光二极管的亮度,并用程序来说明(可参考图 3.8):

```
int  led=6;      //定义 led 变量为数字接口 6
int  fadevalue=0;
void setup (     )
   {
   pinMode(led,OUTPUT);    //定义数字接口 6 为输出接口
   }
void loop (     )
   {
      analogWrite(led,fadevalue); //数字接口 6 输出模拟信号
      if(fadevalue>=255)
         fadevalue=fadevalue-5; //改变数字接口 6 输出的模拟信号大小(减小)
      else fadevalue=fadevalue+5; //改变数字接口 6 输出的模拟信号大小(增大)
      delay(50);
   }
```

上述函数用到参数如 INPUT 或 OUTPUT、HIGH 或 LOW 等,而这些参数是 Arduino语言中的数据类型。根据存储空间中的数据能否改变,把数据分为常量和变量。

①常量:在程序运行过程中不允许改变的存储空间:

HIGH|LOW——表示数字 I/O 口的电平,HIGH 表示高电平(1),LOW 表示低电平(0)。

INPUT|OUTPUT——表示数字 I/O 口的方向,INPUT 表示输入(高阻态),OUTPUT 表示输出(Arduino UNO 输出时能提供 5V 电压,40mA 电流)。

TRUE|FALSE——TRUE 表示真(1),FALSE 表示假(0)。

图 3.8　Arduino UNO 硬件板

②变量：在程序运行过程中，可以改变数值的存储空间。

在使用之前，要告知变量的数据型态，这样微处理器可以分配空间。根据储存空间的特性不同，数据类型又可分为如图 3.9 所示的类型，不同的数据类型允许的输入数据不一样且存储长度也不一样，即存储空间不一样。

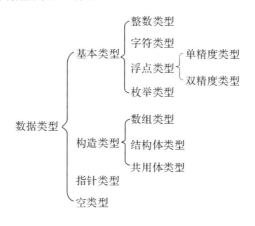

图 3.9　数据类型分类

下面对几种类型作具体介绍。

（1）boolean——布尔型，布尔型变量的值只能为真（True）或假（False）。

（2）char——字符型，单一字符，存为数字，有效范围为 0 到 255，目前有两种主流的计算机编码：ASCII 和 UNICODE，UNICODE 可表示的字符量比较多，在现代计算机操作系统内可以用来表示多国语言；在传输位数需求较少的信息时，如阿拉伯数字和一般常见符号构成的语言——ASCII 编码，其表示 127 个字符，用来在序列终端机和分时计算器之间传输文字。

（3）byte——字节类型，储存的数值范围为 0 到 255。如同字符一样字节型的变量只需要用一个字节（8 位）的内存空间储存。

（4）int——整数，2 字节，可表示的整数范围为 −32768 到 32767，整型是最常用到的数据类型；

　　unsigned int——无符号整数，2 字节，可表示的整数范围为 0 到 65535；

　　long ——长整数，4 字节，可表示的整数范围从－2147483648 到 2147483647；

　　unsigned long——无符号长整数，可表示的整数范围为 0 到 4294967295。

　　（5）float——浮点数，用来表达有小数点的数值，可表示的最大值为 3.4×10^{38}，为 4 字节的存储空间。由于单片机的内存空间有限，所以在使用过程中要谨慎。

　　（6）double——双字节浮点，8 字节，可表达的范围为－1.7×10^{308} 到 1.7×10^{308}。

　　（7）string——字符串，由多个 ASCII 字符组成，字符串中的每一个字符都用一个字符空间储存，并且在字符串的尾端加上一个空字符以提示 Ardunio 处理器字符串结束。

　　例如：char string1[] ＝ "Arduino"; 声明了一个没有明确大小的数组，编译器会自动计算元素大小，并创建一个合适大小的数组，即 7 字符＋1 空字符＝8 字符空间大小的数组。

　　char string2[8] ＝ "Arduino";// 与 char string1[] ＝ "Arduino"相同

　　（8）数组，数组中的元素在单片机中是连续存储，可以通过索引去直接取得。

　　例如：int light[5] ＝ {0，20，50，75，100}；定义了一个数组，这个数组有 5 个元素，分别为 0，20，50，75，100。

　　此外，在有些运算中要求数据之间必须是相同的类型才能进行操作，这样就必须把不同类型的数据转换成相同数据类型的数据，Arduino 提供了相应的转换函数，如 char()，byte()，int()，long()，float()。如 float a＝5.0；int b；b＝int(a)；在强制转换之前变量 a 是浮点数，int(a)是把变量 a 强制转换成整数赋值给变量 b。

　　在没有硬件的条件下，为更好地理解发光二极管的亮灭控制，设计了基于 Proteus 的仿真硬件电路（见图 3.10），在这个仿真电路中用到三种元件：一种是控制芯片元件，其关键词为 328p；一种是发光二极管元件，其关键词为 led；另一种是电阻元件，其关键词为 res。仿真电路中还用到电源地，可以参考 2.1.3 节。读者可参考本教材中给的参考程序，在仿真硬件电路中实现发光二极管的亮灭控制。

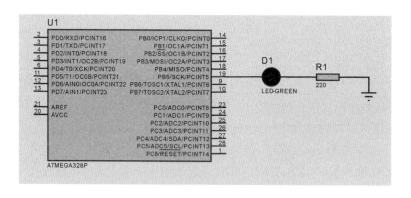

图 3.10　发光二极管驱动仿真电路

　　思考题：如何在现有硬件的基础上，改变发光二极管的亮度？

任务二 发光二极管闪烁控制

要实现发光二极管闪烁控制,所需的硬件电路由一块 Arduino 控制板、一个发光二极管、一个电阻元件构成,它们之间的电路连接原理如图 3.11 所示。通过 Arduino 控制板 13 引脚输出高低电平来控制发光二极管的闪烁。

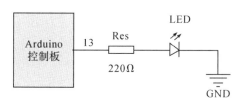

图 3.11 发光二极管闪烁电路原理

✓ **参考程序**

```
#define ledPin 13          //声明 ledPin 为数字接口 13
void setup()       //初始化函数
{
   pinMode(ledPin,OUTPUT);   //设定数字接口 13 为输出接口
}
void loop()       //主函数
{
   digitalWrite(ledPin,HIGH);   //将 LED 点亮
   delay(1000);              //延时 1 秒
   digitalWrite(ledPin,LOW);   //将 LED 熄灭
   delay(1000);              //延时 1 秒
}
```

✓ **语言说明**

delay( )函数——时间函数:

delay(number),延时函数,函数的括号内需输入相应的时间数字,单位 ms。如 delay(10);表示延时 10ms。

unsigned long millis( ),返回时间函数(单位 ms),该函数是指当程序运行就开始计时并返回记录的参数,该参数溢出大概需要 50 天时间。

delayMicroseconds(number),函数的括号内需输入相应的时间数字,为延时函数,单位 μs。

在没有硬件的条件下,为更好地理解发光二极管的闪烁控制,设计了基于 Proteus 的仿真电路(见图 3.12),在这个仿真电路中用到三种元器件:一种是控制芯片元件,其关键词为 328p;一种是发光二极管元件,其关键词为 led;另一种是电阻元件,其关键词为 res。读者可参考本教材中给的参考程序,在仿真硬件电路中实现发光二极管的闪烁控制。

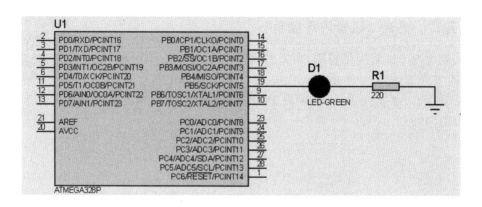

图 3.12　发光二极管驱动仿真电路

思考题:如何在现有硬件基础上编写一个程序使发光二极管的闪
灯速度越来越快?

任务三　实现流水灯控制

要实现流水灯控制,所需的硬件电路由一块 Arduino 控制板、八个
发光二极管、八个电阻元件构成,它们之间的电路连接原理如图 3.13 所示。其通过 Arduino 控制板中 11、10、9、8、7、6、5 和 4 引脚输出高低电平来控制发光二极管的亮和灭。

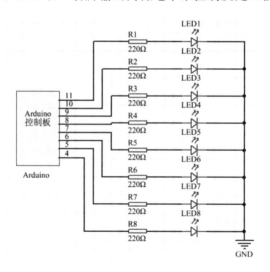

图 3.13　流水灯控制电路

✓　**参考程序**

```
int ledPins[]＝{4,5,6,7,8,9,10,11};  // 定义 PWM 数字接口 4,5,6,7,8,9,10,11
int ledcount＝8;                      // 定义 LED 数量
int i;                               // 定义 i 变量
void setup(  ){
```

```
    for(i=0;i<ledcount;i++)      //定义 4,5,6,7,8,9,10,11 号的引脚为输出
    pinMode(ledPins[i],OUTPUT);
}
void loop( ){    //循环函数;
    for(i=0; i<ledcount;i++)
    {
      digitalWrite(ledPins[i], HIGH);   //定义的引脚输出高电平
      delay(50);              //延时
      digitalWrite(ledPins[i],LOW);       //定义的引脚输出低电平


      }
    }
```

∨　**语言说明**

(1) int i；定义一个变量 i,i 即标识符,int 表示变量 i 为整型数。

标识符:标识程序中某个对象的名字,这些对象可以是语句、数据类型、函数、变量和常量等。

规则:由字符串、数字和下划线等组成,第一个字符必须是字母或下划线。

注意:通常以下划线开头的标识符是编译系统专用的,在 C 语言中将下划线用作分段符,因而一般不要使用以下划线开头的标识符。

在 Arduino 语言中,有一些标识符是编程语言保留的特殊标识符,具有固定的名称和含义,这些标识符被称为关键字(共 32 个),它们是不能用作其他标识符的。如 if、continue、else、sizeof、for、auto、switch、char、case、goto、while、return、do、break 等关键字。

(2) ledPins[]={4,5,6,7,8,9,10,11};定义了一个数组,数组名为 ledPins,数组有 8 个成员(元素),分别为 4,5,6,7,8,9,10,11。

数组是相同类型的数据按顺序组成的一种复合数据类型,即相同数据类型的元素按一定顺序排列的集合,就是把有限个类型相同的变量用一个名字命名,然后用编号区分它们的变量的集合,这个名字称为数组名,编号称为下标。组成数组的各个变量称为数组的分量,也称为数组的元素,有时也称为下标变量。数组是在程序设计中,为了处理方便,把具有相同类型的若十变量按有序的形式组织起来的一种形式。

一个数组可以分解为多个数组元素,这些数组元素可以是基本数据类型或构造类型。因此,按数组元素的类型不同,数组又可分为数值数组、字符数组、指针数组、结构数组等各种类别。数组根据数据的大小及结构,又可分为一维数组、二维数组和多维数组。

①一维数组

a. 一维数组的定义

　　　　　类型说明　　数组名　　　[整型表达式]

例如　char　　　abc　　　[10]

这个数组定义了一个一维字符型数组,数组名为 abc,其有 10 个元素,分别为 abc[0],

abc[1],abc[2],abc[3],abc[4],abc[5],abc[6],abc[7],abc[8],abc[9]。

需要注意的是,第一个元素的下标为 0,就是说数组的第一个元素是 abc[0],而不是 abc[1],最后一个是 abc[9],而不是 abc[10],但定义的时候要写成 abc[10]。

b. 一维数组元素的引用

定义了一个数组后,数组中的各个元素就共用一个数组名(即该数组变量名),它们之间是通过下标不同以示区别的。对数组的操作归根到底就是对数组元素的操作。一维数组元素的引用格式为:

数组名 [下标表达式]

说明:

· 下标表达式值的类型,必须与数组类型定义中下标类型完全一致,并且不允许超越所定义的下标下界和上界。

· 数组是一个整体,数组名是一个整体的标识,要对数组进行操作,必须对其元素操作。数组元素可以像同类型的普通变量那样作用。如:a[3]=34;是对数组 a 中第三个下标变量赋值 34。

特殊地,如果两个数组类型一致,它们之间可以整个数组元素进行传送。说明:如果数组只定义而没赋值,系统会自动给初始值 0。

· 一维数组的初始化

数组初始化的时候,可以选择全部初始化或部分初始化数组元素。例如:

char abc[10]={0,1,2,3,4,5,6,7,8,9};//这是全部初始化

char abc[10]={0,1,2,3,4};//这是初始化一部分数组元素,后面 5 个元素值为 0

char abc[10];//全部元素值为 0

char abc[10]=8;//只有 abc[0]元素为 8,其他元素都是 0

char abc[]={0,1,2,3};//这个没有写数组的长度,也就是[]中的数,那么长度就等于实际输入的数组数,这里为 4。

②字符数组

用来存放字符量的数组称为字符数组。字符数组类型说明的形式与前面介绍的数值数组相同。例如,char c1[10];由于字符型和整型通用,所以也可以定义为 int c1[10],但这时每个数组元素占 2 个字节的内存单元,字符数组也可以是二维或多维数组,例如,char c[5][10];为二维字符数组。字符数组也允许在类型说明时作初始化赋值。例如,char c1[10]={'c',' ','p','r','o','g','r','a','m'};赋值后各元素的值为:数组 c1 中的 c1[0]='c',c1[1]=' ',c1[2]='p',c1[3]='r',c1[4]='o',c1[5]='g',c1[6]='r',c1[7]='a',c1[8]='m',其中 c1[9]未赋值,由系统自动赋予 0 值。当对全体元素赋初值时也可以省去长度说明。例如,char c2[ ]={'c',' ','p','r','o','g','r','a','m'};这时 c2 数组的长度自动定为 9。

C 语言允许用字符串的方式对数组作初始化赋值,例如:

char c[ ]={'c',' ','p','r','o','g','r','a','m'};

也可写为:

char c[ ]={"c program"};或去掉{ }:char c[]="c program";　　//字符串形式赋值;

用字符串方式赋值比用字符逐个赋值要多占一个字节,用于存放字符串结束标志'\0'。上面的数组 c2 在内存中的实际存放情况为:c program\0。\0 是由编译系统自动加上的,由于采用了\0 标志,所以在用字符串赋初值时一般无须指定数组的长度,而由系统自行处理。在采用字符串方式后,字符数组的输入/输出将变得简单方便。

(3) for(i＝0;i<ledcount;i＋＋);循环结构,先给变量 i 赋值 0,然后判断满不满足条件 i<ledcount,如果满足执行下面的循环体,执行完循环体之后进行 i＋＋,即 i＝i+1,再进行条件 i<ledcount 判断,如此循环直到条件不满足为止。

循环结构,是计算机语言的一种基本结构(顺序、条件、循环)。有三种循环语句,分别为 for、while 和 do-while 语句。

① for 语句

for 语句的一般形式为:

```
for(<初始化>;<条件表达式>;<增量>)
    循环语句;
```

初始化一般是一个赋值语句,它用来给循环控制变量赋初值;条件表达式是一个关系表达式,它决定什么时候退出循环;增量定义循环控制变量每循环一次后按什么方式变化。这三个部分之间用“;”分开。

例如:

```
for(i＝1;i<＝10;i＋＋)
    循环语句;
```

例中先给 i 赋初值 1(即 i＝1),判断 i 是否小于等于 10(即<＝10),若是则执行循环语句,之后值增加 1(即 i＋＋)。再重新判断 i 是否小于等于 10,直到条件为假(即 i>10)时,结束循环。

注意:

a. for 循环语句可以是一条,也可以是多条,如果是多条,要用“{”和“}”将参加循环的语句括起来,把这种用{}括起来的多条语句称为循环体。例如:

```
for(i＝1;i<＝10;i＋＋)
{ a＝a+i;  Serial.print(a);}
```

先给 i 赋初值 1,判断 i 是否小于等于 10,若是则先执行 a＝a+i,后执行 Serial.print(a),之后 i 的值加 1。再重新判断 i 是否小于等于 10,再执行 a＝a+i 和 Serial.print(a),直到条件为假,即 i>10 时,结束循环。

b. for 循环中的“初始化”、“条件表达式”和“增量”都是选择项,即可以缺省,但“;”不能缺省。省略了初始化,表示不对循环控制变量赋初值。省略了条件表达式,则不做其他处理时便成为死循环。省略了增量,则不对循环控制变量进行操作,这时可在循环语句中加入修改循环控制变量的语句。

② while 语句

while 循环的一般形式为:

```
while（条件）
    循环语句；
```

while 循环表示当条件为真时，便执行语句。直到条件为假才结束循环，并继续执行循环程序外的后续语句。

③ do-while 语句

do-while 循环的一般格式为：

```
do
    循环语句
while(条件);
```

do-while 循环与 while 循环的不同之处在于：它先执行循环中的语句，然后再判断条件是否为真，如果为真则继续循环；如果为假，则终止循环。因此，do-while 循环至少要执行一次循环语句。同样当有多条语句参加循环时，要用"{"和"}"把它们括起来。

扩充：如果把一个循环放在另一个循环体内，那么就可以形成嵌套循环。嵌套循环既可以是 for 循环嵌套 while 循环，也可以是 while 循环嵌套 do while 循环……即各种类型的循环都可以作为外层循环，各种类型的循环也都可以作为内层循环。

当程序遇到嵌套循环时，如果外层循环的循环条件允许，则开始执行外层循环的循环体，而内层循环将被外层循环的循环体来执行——只是内层循环需要反复执行自己的循环体而已。当内层循环执行结束且外层循环的循环体也执行结束，则再次计算外层循环的循环条件，决定是否再次开始执行外层循环的循环体。根据上面分析，假设外层循环的循环次数为 n 次，内层循环的循环次数为 m 次，那么内层循环的循环体实际上需要执行 n×m 次。

实际上，嵌套循环不仅可以是两层嵌套，还可以是三层嵌套、四层嵌套……不论循环如何嵌套，都可以把内层循环当成外层循环的循环体来对待，区别只是这个循环体里包含了需要反复执行的代码。

（4）i＝0；i＜ledcount；i＋＋。

for 语句中的括号内包含三种关系式，这三种关系式按照顺序分别为赋值运算、关系运算和算术运算。

①赋值运算

"＝"符号的功能是给变量赋值，称为赋值运算符，就是把数据赋给变量，如 x＝8，即把数字 8 赋值给变量 X。利用赋值运算符将一个变量与一个表达式连接起来的式子为赋值表达式，在表达式后面加";"便构成了赋值语句。使用"＝"的赋值语句格式如下：

```
变量＝数值或表达式；
```

将赋值运算符"＝"右边数值或表达式的值赋给左边的变量，例如：

```
a＝5；//把数值 5 赋值给变量 a
f＝a＋b；//将右边表达式 a＋b 的值赋给变量 f
F＝(a＝8)；//(a＝8)是一个赋值表达式，它的值是 8，然后把这个 8 赋给变量 F
```

从上面的例子能知道赋值语句的意义就是先算出"＝"右边的表达式的值,然后将得到的值赋给左边的变量,而且右边的表达式仍是一个赋值表达式。

②关系运算

在 Arduino 语言中,经常要比较两个操作数的大小,而关系运算符是比较两个操作数大小的符号,关系运算符如表 3.1 所示:

表 3.1　关系运算符

操作符	作用
＞	大于
＞＝	大于等于
＜	小于
＜＝	小于等于
＝＝	等于
！＝	不等于

关系运算符和逻辑运算符的核心是真(True)和假(False)的概念。True 可以是不为 0 的任何值,而 False 则为 0。使用关系运算符和逻辑运算符表达式时,若表达式为真(即 True)则返回 1,否则,表达式为假(即 False)返回 0。

例如:

```
120＞99;        //表达式为真,返回 1
8＞(2+10);      //表达式为假,返回 0
！1&&0;         //表达式为假,返加 0 ,按照优先等级等价于(！1)&&0,这里的！和 &&
属于逻辑运算符,可以参考后续的逻辑运算符部分
```

③算术运算

在 Arduino 语言中,经常要对操作数进行四则运算,四则运算属于算术运算的一部分,算术运算符如表 3.2 所示。

表 3.2　算术运算符

操作符	作用
＋	加,单目取正
－	减,单目取负
＊	乘
／	除
％	取模
－－	减 1
＋＋	加 1

操作数根据个数不同,可分为单目操作和二目操作(或多目操作)。单目操作是指对一个操作数进行操作,例如, －a,只有一个操作数 a,属于单目,对 a 取负值。二目操作(或多目操作)是指对两个操作数(或多个操作数)进行操作,例如 a＋b 是对变量 a 和变量 b 求和操作。

Arduino 语言中加、减、乘、除、取模的运算与其他高级语言相同,其中需要注意的是除

法和取模运算。例如：

15/2 求商——是 15 除以 2 商的整数部分 7；

15%2 求余数——是 15 除以 2 的余数部分 1；

扩充：对于取模运算符"%"，不能用于浮点数。15/2 是整数除以整数，得到的商也是整数，如果想得到小数的商即浮点数的商，这时就要把 15 和 2 两个数中至少一个数变成浮点数才可实现。如 15.0/2，这时编译器在计算时，先把整数 2 变成浮点数，然后再用 15.0 这个浮点数去除 2.0，最后得到的商为 7.5(浮点数)。

另外，由于 Arduino 中字符型数会自动地转换成整型数，因此字符型数也可以参加二目运算。例如：

```
void loop(   )
    {
        char m, n;          //定义字符型变量
        m='c';              //给 m 赋小写字母"c"
        n=m+'A'-'a';        //将 c 中的小写字母变成大写字母"B"后赋给 n
    }
```

上例中 m='c'，即 m=99，由于字母 A 和 a 的 ASCII 码值不同，分别为 65 和 97，所以这样可以将小写字母变成大写字母；反之，如果要将大写字母变成小写字母，则用 c+'a'-'A' 进行计算。

a. 自增减运算

Arduino 语言在算术运算中还增加了自增减运算及复合运算，运算符"++"是操作数加 1，而"——"则是操作数减 1。例如：

$$x=x+1;可写成 x++，或++x$$
$$x=x-1;可写成 x——，或——x$$

"++"放操作数的前面还是放操作数的后面是有很大差别的，同理"——"放操作数前面和放操作数后面也有很大差别，例如：

$$x=m++;表示将 m 的值赋给 x 后，m 再加 1$$
$$x=++m;表示 m 先加 1 后，再将新值赋给 x$$

b. 复合运算

Arduino 中有一特殊的简写方式，它用来简化一种赋值语句，适用于所有的双目运算符。其一般形式为：

$$<变量>=<变量><操作符><表达式>$$

可简写为：

$$<变量><操作符>=<表达式>$$

例如：

$$a=a+b \quad 可写成 \quad a+=b$$
$$a=a\&b \quad 可写成 \quad a\&=b$$

$a=a/b$　　可写成　　$a/=b$

复合赋值运算符有十种：$+=,-=,*=,/=,\%=,\&=,|=,\hat{}=,<<=,>>=$。
按优先级顺序结合运算。

例如：

$a+=b$ 等价于 $a=(a+b)$

$x*=a+b$ 等价于 $x=(x*(a+b))$

$a\&=b$ 等价于 $a=(a\&b)$　　　　　　//参见后面章节

$a<<=4$ 等价于 $a=(a<<4)$　　　　　//参见后面章节

在一个表达式中可能包含多个有不同运算符连接起来的、具有不同数据类型的数据对象；由于表达式有多种运算，不同的运算顺序可能得出不同结果甚至出现运算错误，因为当表达式中含多种运算时，必须按一定顺序进行结合，才能保证运算的合理性和结果的正确性、唯一性。这些数据中哪些数据先进行运算，哪些数据后运算，由运算符的优先等级来决定，优先级高的运算符先结合，优先级低的运算符后结合，同一行中的运算符的优先级相同。例如：$5+6\&\&7$；等价于 $(5+6)\&\&7$。

在表 3.3 中，优先级从上到下依次递减，最上面具有最高的优先级，","操作符具有最低的优先级。相同的优先级，按结合顺序计算。大多数运算是从左至右计算，只有三个优先级是从右至左计算，它们是单目运算符、条件运算符、赋值运算符。

在运算符的优先级中，单目运算优于双目运算，如正负号。先算术运算，后移位运算，接着位运算，逻辑运算最后。

例如：$1\&\&3+2||7$ 等价于 $(1\&\&(3+2))||7$

在没有硬件的条件下，为更好地理解流水灯控制，我们设计了基于 Proteus 的流水灯仿真电路（见图 3.14），在这个仿真电路中用到三种元件：一种是控制芯片元件，其关键词为 328p；一种是发光二极管元件，其关键词为 led；另一种是电阻元件，其关键词为 res。读者可参考本教材中给的参考程序，在仿真硬件电路中实现流水灯控制。

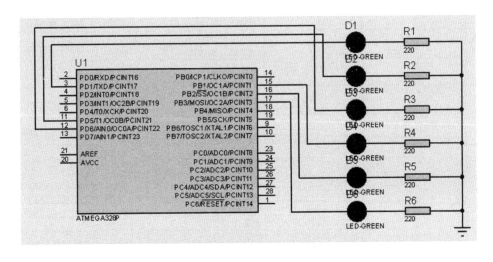

图 3.14　流水灯仿真电路

表 3.3 运算符的优先级

C语言优另战及

优先级	运算符	名称或含义	使用形式	结合方向	说明
1	[]	数组下标	数组名[常量表达式]	左到右	
	()	圆括号	(表达式) 函数名(形参表)		
	.	成员选择(对象)	对象.成员名		
	->	成员选择(指针)	对象指针->成员名		
	++	自增运算符	变量名++		单目运算符
	--	自减运算符	变量名--		单目运算符
2	-	负号运算符	-常量	右到左	单目运算符
	(类型)	强制类型转换	(数据类型)表达式		
	++	自增运算符	++变量名		单目运算符
	--	自减运算符	--变量名		单目运算符
	*	取值运算符	*指针变量		单目运算符
	&	取地址运算符	&变量名		单目运算符
	!	逻辑非运算符	!表达式		单目运算符
	~	按位取反运算符	~表达式		单目运算符
	sizeof	长度运算符	sizeof(表达式)		
	/	除	表达式/表达式		双目运算符
	*	乘	表达式*表达式		双目运算符
	%	余数(取模)	整型表达式%整型表达式		双目运算符
4	+	加	表达式+表达式	左到右	双目运算符
	-	减	表达式-表达式		双目运算符
5	<<	左移	变量<<表达式	左到右	双目运算符
	>>	右移	变量>>表达式		双目运算符
6	>	大于	表达式 > 表达式	左到右	双目运算符
	>=	大于等于	表达式 >= 表达式		双目运算符
	<	小于	表达式 < 表达式		双目运算符
	<=	小于等于	表达式 <= 表达式		双目运算符
7	==	等于	表达式 == 表达式	左到右	双目运算符
	!=	不等于	表达式 != 表达式		双目运算符
8	&	按位与	表达式&表达式	左到右	双目运算符
9	^	按位异或	表达式 ^ 表达式	左到右	双目运算符
10	|	按位或	表达式 | 表达式	左到右	双目运算符
11	&&	逻辑与	表达式 && 表达式	左到右	双目运算符
12	||	逻辑或	表达式 || 表达式	左到右	双目运算符
13	?:	条件运算符	表达式1 1:表达式2:表达式3	右到左	三目运算符
14	=	赋值运算符	变量*=表达式	右到左	
	/=	除后赋值	变量/=表达式		
	*=	乘后赋值	变量食=表达式		
	%=	取模后赋值	变量%=表达式		
	+=	加后赋值	变量+=表达式		
	-=	减后赋值	变量-=表达式		
	<<=	左移后赋值	变量<<=表达式		
	>>=	右移后赋值	变量>>=表达式		
	&=	按位与后赋值	变量&=表达式		
	^=	按位异或后赋值	变量^=表达式		
	|=	按位或后赋值	变量!!=表达式		
15	,	逗号运算符	表达式，表达式，…	左到右	从左到右顺序运算

思考题:(1)设计一种呼吸灯,实现 8 个发光二极管亮度的梯度依次变化。

(2)设计一个电路,实现渐变流水灯。(提示:用到引脚 3,5,6,9,10,11 和 analogWrite( )函数)

(3)上述的发光二极管只能发出一种颜色的光,要发出不同颜色的光就要用到多个不同颜色的二极管。请思考:如何通过一个二极管就能发出多种不同颜色的光?

🔧➔ 知识扩展

三色光二极管——主要有三种颜色,然而三种发光二极管的压降都不相同,具体压降参考值如下:红色发光二极管的压降为 1.8~2.0V;绿色发光二极管的压降为 3.2~3.4V;蓝色发光二极管的压降为 3.2~3.4V;正常发光时的额定电流约为 20mA。

三色二极管的直插式外形结构如图 3.15 所示,内部的原理如图 3.16 所示,分为共阳极和共阴极,一般最长的引脚是公共端,如果是共阳极就接高电平,共阴极就接低电平,为了在使用过程中避免烧坏三色二极管,一般串联一个限流电阻,阻值在几百到 1kΩ 都可以。如果要发出红绿蓝三种单色光,只要在相应的管脚加以正确的电压即可;如果要发出其他颜色的光,就可以通过对两种或三种单色光同时加以正确的电压即可;如果要发出白色光就应在红绿蓝上同时加上相应的电压。

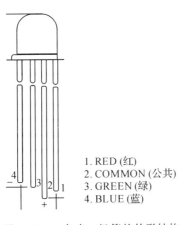

1. RED (红)
2. COMMON (公共)
3. GREEN (绿)
4. BLUE (蓝)

图 3.15 三色光二极管的外形结构

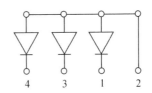

图 3.16 三色发光二极管的原理

3.2 LED 数码管

在洗衣机控制中,用户经常要知道洗衣机的剩余时间,这时可以利用数码管来显示时间。数码管显示有静态显示和动态显示两种。要显示多位不同的数码,只能采用动态显示。

任务四 数码管静态显示

要实现数码管静态显示,所需的硬件电路由一块 Arduino 控制板、一个一位数码管、若干电阻元件构成,它们之间的电路连接原理如图 3.17 所示。通过 Arduino 控制板控制引脚

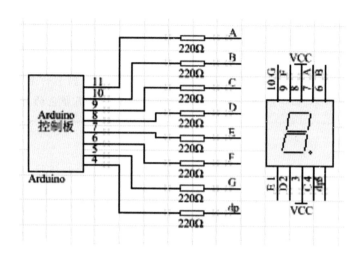

图 3.17　数码管静态显示电路原理

输出高低电平来驱动数码管对应的段亮灭来实现数字显示。

　　静态显示是指数码管显示某一字符时,相应的发光二极管恒定导通或恒定截止。每位数码管相互独立,公共端恒定接地(共阴极)或接正电源(共阳极)。

　　编写一个从 9 开始的倒计时计数器,下面介绍四种参考程序:

√　**参考程序 1**

```
// 使用端口电平控制
void setup() {     // 对 4—11 管脚初始化为输出模式
for(int i=4;i<=11;i++)
    pinMode(i,OUTPUT);
}
void loop() {
// 根据显示内容对应的段的亮灭来确定端口的高低电平
// 显示 9
digitalWrite(11,LOW);
digitalWrite(10,LOW);
digitalWrite(9,LOW);
digitalWrite(8,LOW);
digitalWrite(7,HIGH);
digitalWrite(6,LOW);
digitalWrite(5,LOW);
delay(50);
// 显示 8
digitalWrite(11,LOW);
```

```
digitalWrite(10,LOW);
digitalWrite(9,LOW);
digitalWrite(8,LOW);
digitalWrite(7,LOW);
digitalWrite(6,LOW);
digitalWrite(5,LOW);
delay(50);
// 显示 7
digitalWrite(11,LOW);
digitalWrite(10,LOW);
digitalWrite(9,LOW);
digitalWrite(8,HIGH);
digitalWrite(7,HIGH);
digitalWrite(6,HIGH);
digitalWrite(5,HIGH);
delay(50);
// 显示 6
digitalWrite(11,LOW);
digitalWrite(10,HIGH);
digitalWrite(9,LOW);
digitalWrite(8,LOW);
digitalWrite(7,LOW);
digitalWrite(6,LOW);
digitalWrite(5,LOW);
delay(50);
// 显示 5
digitalWrite(11,LOW);
digitalWrite(10,HIGH);
digitalWrite(9,LOW);
digitalWrite(8,LOW);
digitalWrite(7,HIGH);
digitalWrite(6,LOW);
digitalWrite(5,LOW);
delay(50);
// 显示 4
digitalWrite(11,HIGH);
digitalWrite(10,LOW);
digitalWrite(9,LOW);
```

```
digitalWrite(8,HIGH);
digitalWrite(7,HIGH);
digitalWrite(6,LOW);
digitalWrite(5,LOW);
delay(50);
// 显示 3
digitalWrite(11,LOW);
digitalWrite(10,LOW);
digitalWrite(9,LOW);
digitalWrite(8,LOW);
digitalWrite(7,HIGH);
digitalWrite(6,HIGH);
digitalWrite(5,LOW);
delay(50);
// 显示 2
digitalWrite(11,LOW);
digitalWrite(10,LOW);
digitalWrite(9,HIGH);
digitalWrite(8,LOW);
digitalWrite(7,LOW);
digitalWrite(6,HIGH);
digitalWrite(5,LOW);
delay(50);
// 显示 1
digitalWrite(11,HIGH);
digitalWrite(10,LOW);
digitalWrite(9,LOW);
digitalWrite(8,HIGH);
digitalWrite(7,HIGH);
digitalWrite(6,HIGH);
digitalWrite(5,HIGH);
delay(50);
// 显示 0
digitalWrite(11,LOW);
digitalWrite(10,LOW);
digitalWrite(9,LOW);
digitalWrite(8,LOW);
digitalWrite(7,LOW);
```

```
digitalWrite(6,LOW);
digitalWrite(5,HIGH);
delay(50);
}
```

✓ **参考程序 2**

```
// 使用函数,把参考程序 1 中的每个数字显示作为一个函数,然后在主程序中调用
void setup() {
// put your setup code here, to run once:
for (int n = 4; n < 11; n++) {
pinMode(n, OUTPUT);
}}
void nine()
{digitalWrite(11,LOW);
digitalWrite(10,LOW);
digitalWrite(9,LOW);
digitalWrite(8,LOW);
digitalWrite(7,HIGH);
digitalWrite(6,LOW);
digitalWrite(5,LOW);
}
void eight()
{
digitalWrite(11,LOW);
digitalWrite(10,LOW);
digitalWrite(9,LOW);
digitalWrite(8,LOW);
digitalWrite(7,LOW);
digitalWrite(6,LOW);
digitalWrite(5,LOW);
}
void seven()
{······ } // 参考程序 7 中显示 7 的代码
void six()
{······ } // 参考程序 6 中显示 6 的代码
void five()
```

```
{……} // 参考程序 5 中显示 5 的代码
void four()
{……} // 参考程序 4 中显示 4 的代码
void three()
{……} // 参考程序 3 中显示 3 的代码
void two()
{……} // 参考程序 2 中显示 2 的代码
void one()
{……} // 参考程序 1 中显示 1 的代码
void zero()
{……} // 参考程序 0 中显示 0 的代码
void loop()
{
nine();
delay(20);
eight();
delay(20);
seven();
delay(20);
six();
delay(20);
five();
delay(20);
four();
delay(20);
three();
delay(20);
two();
delay(20);
one();
delay(20);
zero();
delay(20);
}
```

∨ **参考程序 3**

```
// 使用一维数组,将每个数字对应的端口电平组成一个数组
int zero[7]={0,0,0,0,0,0,1};     // 0
int one[7]={1,0,0,1,1,1,1};      // 1
int two[7]={0,0,1,0,0,1,0};      // 2
int three[7]={0,0,0,0,1,1,0};    // 3
int four[7]={1,0,0,1,1,0,0};     // 4
int five[7]={0,1,0,0,1,0,0};     // 5
int six[7]={0,1,0,0,0,0,0};      // 6
int seven[7]={0,0,0,1,1,1,1};    // 7
int eight[7]={0,0,0,0,0,0,0};    // 8
int nine[7]={0,0,0,0,1,0,0};     // 9
void setup() {
// put your setup code here, to run once:
for (int n = 4; n < 11; n++) {
pinMode(n, OUTPUT);}
}
void loop()
{
// 显示 9
for(int i=11;i>4;i——){
digitalWrite(i,nine[11-i]);   // 11 管脚对应数码管的 A 段,10 对应 B,依此
类推
  delay(20);
// 显示 8
for(int i=11;i>4;i——){
digitalWrite(i,eight[11-i]);  // 11 管脚对应数码管的 A 段,10 对应 B,依此
类推
  delay(20);
// 显示 7
for(int i=11;i>4;i——){
digitalWrite(i,seven[11-i]);   // 11 管脚对应数码管的 A 段,10 对应 B,依此
类推
  delay(20);
// 显示 6
for(int i=11;i>4;i——){
digitalWrite(i,six[11-i]);   // 11 管脚对应数码管的 A 段,10 对应 B,依此类推
  delay(20);
```

```
    // 显示 5
    for(int i=11;i>4;i——){
    digitalWrite(i,five[11—i]);     // 11 管脚对应数码管的 A 段,10 对应 B,依此
类推
    delay(20);
    // 显示 4
    for(int i=11;i>4;i——){
    digitalWrite(i,four[11—i]);     // 11 管脚对应数码管的 A 段,10 对应 B,依此
类推
    delay(20);
    // 显示 3
    for(int i=11;i>4;i——){
    digitalWrite(i,three[11—i]);     // 11 管脚对应数码管的 A 段,10 对应 B,依此
类推
    delay(20);
    // 显示 2
    for(int i=11;i>4;i——){
    digitalWrite(i,two[11—i]);     // 11 管脚对应数码管的 A 段,10 对应 B,依此
类推
    delay(20);
    // 显示 1
    for(int i=11;i>4;i——){
    digitalWrite(i,one[11—i]);     // 11 管脚对应数码管的 A 段,10 对应 B,依此
类推
    delay(20);
    // 显示 0
    for(int i=11;i>4;i——){
    digitalWrite(i,zero[11—i]);     // 11 管脚对应数码管的 A 段,10 对应 B,依此
类推
    delay(20);
```

∨ **参考程序 4**

```
    //使用二维数组
    int ledcount=8;                         // 8 段数码管
    int ledPins[] ={4,5,6,7,8,9,10,11};     // 定义数字端口 4,5,6,7,8,9,10,11
    byte seven_seg_digits[10][8] = {        // 设置每个数字所对应的字型码
    { 0,0,0,0,0,0,1,1 },  // = 0 的字型码
    { 1,0,0,1,1,1,1,1 },  // = 1 的字型码
```

```
    { 0,0,1,0,0,1,0,1 },   // = 2 的字型码
    { 0,0,0,0,1,1,0,1 },   // = 3 的字型码
    { 1,0,0,1,1,0,0,1 },   // = 4 的字型码
    { 0,1,0,0,1,0,0,1 },   // = 5 的字型码
    { 0,1,0,0,0,0,0,1 },   // = 6 的字型码
    { 0,0,0,1,1,1,1,1 },   // = 7 的字型码
    { 0,0,0,0,0,0,0,1 },   // = 8 的字型码
    { 0,0,0,0,1,0,0,1 }    // = 9 的字型码
    };
    void setup() {                     //4－11 号端口设定为输出模式
    for(int i=0;i<ledcount;i++)
    pinMode(ledPins[i],OUTPUT);
    }
    void sevenSegWrite(byte digit) {  //根据 digit 的值取出对应的字型码,送到端
口 4－11
    byte pin = 4;
    for (byte segCount = 0; segCount < 8; ++segCount)
    {    digitalWrite(pin, seven_seg_digits[digit][segCount]);
++pin;
    }
    }
    void loop() {                     // 实现从 9 开始数字倒数显示
    for (byte count = 10; count > 0; --count)
    {
    sevenSegWrite(count - 1);
    delay(1000);
    }
    delay(2000);
    }
```

√ **硬件说明**

数码管是一种半导体发光器件,是目前数字电路中最常用的显示器件之一,其基本单元是发光二极管。数码管按段数分为七段数码管和八段数码管,八段数码管比七段数码管多一个发光二极管单元(多一个小数点显示),很多资料把小数点显示不称为段。LED 数码管按照接法分为共阳极和共阴极(数码管在工厂生产完成,共阴极和共阳极就已定,要么是共阴极,要么是共阳极,不可用高电平和低电平来更改)。其外观与引脚 如图 3.18 所示,内部结构如图 3.19 所示。对于二位一体和四位一体的数码管,共阳极和共阴极体现在字位端口

给高电平还是给低电平,二位一体的字位端为 5 管脚(第 2 位)和 10 管脚(第 1 位),四位一体的数码管体现在标注的数字引脚上。

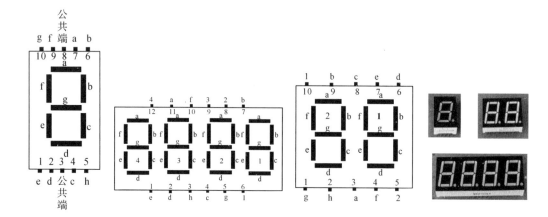

图 3.18　LED 数码管外观与引脚

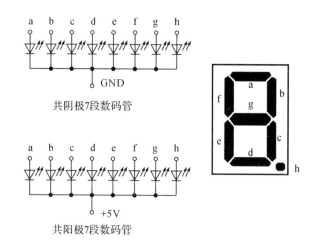

图 3.19　数码管的内部结构

(1)不同厂家生产的数码管型号不同,因先确定其型号,确定共阴极和共阳极。

下面介绍如何快速且简便辨别共阳极和共阴极数码管,以二位一体的数码管为例,可以把引脚 5 或引脚 10 接地线,用高电平去触碰除引脚 5 和引脚 10 之外的任意引脚,如果出现某一段亮说明是共阴极,如果没有出现任何一段亮,不能说明一定是共阳极,也有可能是坏了。所以最好的办法是把引脚 5 或引脚 10 接高电平,用地线去触碰除引脚 5 和引脚 10 之外的任意引脚,如果出现某一段亮说明是共阳极。

(2)字型码:数码管要显示字型时,Arduino 控制板需向它发送控制对应的电平到数码管的管脚,点亮对应的字段,这些数据被称为字型码或字段码。要显示相同的数字,共阳极和共阴极数码管需发送不同的信号,因而又分为共阳码和共阴码。下面具体分析数字 0~9 的共阳码和共阴码。一般情况下,是把数码管的小数位放在最高位,然后按照顺序来组成数字 0~9 的字型码,数字 0~9 的共阳码见表 3.4,共阴码见表 3.5。

表 3.4　数字 0~9 的共阳码

数字	dp(h)	g	f	e	d	c	b	a	十六进制	显示数字
0	1	1	0	0	0	0	0	0	C0H	
1	1	1	1	1	1	0	0	1	F9H	
2	1	0	1	0	0	1	0	0	A4H	
3	1	0	1	1	0	0	0	0	B0H	
4	1	0	0	1	0	0	0	1	99H	
5	1	0	0	1	0	0	1	0	92H	
6	1	0	0	0	0	0	1	0	82H	
7	1	1	1	1	1	0	0	0	F8H	
8	1	0	0	0	0	0	0	0	80H	
9	1	0	0	1	0	0	0	0	90H	

表 3.5　数字 0~9 的共阴码

数字	dp(h)	g	f	e	d	c	b	a	十六进制	显示数字
0	0	0	1	1	1	1	1	1	3FH	
1	0	0	0	0	0	1	1	0	06H	
2	0	1	0	1	1	0	1	1	5BH	
3	0	1	0	0	1	1	1	1	4FH	
4	0	1	1	0	0	1	1	0	66H	
5	0	1	1	0	1	1	0	1	6DH	
6	0	1	1	1	1	1	0	1	7DH	

续表

数字	dp(h)	g	F	e	d	c	b	a	十六进制	显示数字
7	0	0	0	0	0	1	1	1	07H	
8	0	1	1	1	1	1	1	1	7FH	
9	0	1	1	0	1	1	1	1	6FH	

注意:遇到小数点显示时,不需要计算出该字型码,共阳极利用该字符的字型码按位与 7FH 进行相与操作,共阴极利用该字符的字型码按位与 80H 进行相或操作。例如:

共阳极要显示 6. 82H & 7FH＝02H

共阴极要显示 9. 6FH | 80H＝EFH

在 Arduino 编程中,数码管的字型码可以通过二进制形式给出,也可以通过十六进制形式给出。通过二进制形式给出的共阳码如下:

```
byte seven_seg_digits[10][8] =          //设置每个数字所对应的字型码
  {
  {1,1,0,0,0,0,0,0},          // = 0 的字型码
  { 1,1,1,1,1,0,0,1},          // = 1 的字型码
  { 1,0,1,0,0,1,0,0},          // = 2 的字型码
  {1,0,1,1,0,0,0,0},          // = 3 的字型码
  { 1,0,0,1,1,0,0,1 },          // = 4 的字型码
  { 1,0,0,1,0,0,1,0},          // = 5 的字型码
  { 1,0,0,0,0,0,1,0},          // = 6 的字型码
  { 1,1,1,1,1,0,0,0},          // = 7 的字型码
  { 1,0,0,0,0,0,0,0},          // = 8 的字型码
  { 1,0,0,1,0,0,0,0}          // = 9 的字型码
  };
通过十六进制形式给出的共阳码如下:
unsigned char LED_OF[]=
{0xC0,0xF9,0xA4,0xB0,0x99,0x92,0x82,0xF8,0x80,0x90,0xFF };
//   0    1    2    3    4    5    6    7    8    9    全灭
```

✓ **语言说明**

计算机程序是由一组或是变量或是函数的外部对象组成的。函数是一个自我包含的、完成一定相关功能的执行代码段。函数就像一个"黑盒子",数据被送进去就能得到结果,而函数内部究竟是如何工作的,外部程序是不知道的。外部程序所知道的仅限于给函数输入什么参数以及函数输出什么参数。函数提供了编制程序的手段,使之容易读、写、理解、排除错误、修改和维护。

在编写程序的过程中,鼓励和提倡编程者把一个大问题划分成若干个子问题,对应于解

决一个子问题编制一个函数,因此,计算机语言程序一般是由大量的小函数而不是由少量大函数构成的,即所谓"小函数构成大程序"。这样的好处是让各部分相互充分独立,且任务单一。这些充分独立的小模块也可以作为一种固定规格的小"构件",用来构成新的大程序。

　　Arduino 语言提供很多的库函数,每个库函数都能完成一定的功能,所以应熟悉其功能,这样用户就可随意调用。这些函数总的分为输入输出函数、数学函数、字符串、字符屏幕和图形功能函数、过程控制函数、目录函数等。编程者也可根据需要编写自己的函数,这些函数也可加入 Arduino 语言的库中变成库函数。

　　(1)函数的说明与定义

　　①函数说明

　　所有函数与变量一样在使用之前必须说明。说明是指说明函数是什么类型的函数,一般库函数的说明都包含在相应的头文件<∗.h>中,例如标准输入输出函数包含在 stdio.h 中,非标准输入输出函数包含在 io.h 中。在使用库函数时必须先知道该函数包含在什么样的头文件中,在程序的开头用♯include<∗.h>或♯include"∗.h"说明。只有这样,程序在编译连接时才知道它提供的是库函数,否则,将认为是用户自己编写的函数而不能装配。

```
♯include<LiquidCrystal.h>     //申明包含液晶的函数库
    LiquidCrystal lcd(12,11,10,9,8,7,6,5,4,3,2);//申明一个 lcd 类及与 Arduino
控制板的数字端口
    void setup                                        (      )
    {
lcd.begin(16,2);     //初始化 1602 液晶工作模式,定义 1602 液晶显示范围为 2 行 16
列字符
    lcd.setCursor(0,0);   //把光标定位在第 0 行,第 0 列
    lcd.print("hello world");   //显示
    lcd.setCursor(0,2);         //把光标定位在第 2 行,第 0 列
    lcd.print("Arduino is fun");   //显示
    }
    void loop()
    {
    }
```

函数申明格式:

A. 经典方式为:　函数类型　函数名();

B. ANSI 规定方式为:　函数类型　函数名(数据类型　形式参数,　数据类型　形式参数……);

　　其中,函数类型是该函数返回值的数据类型,可以是以前介绍的整型(int)、长整型(long)、字符型(char)、单浮点型(float)、双浮点型(double)和无值型(void),也可以是指针,包括结构指针(可参考相关教材),无值型表示函数没有返回值。

函数名右边,小括号中的内容为该函数的形式参数说明。例如:可以只有数据类型而没有形式参数,也可以两者都有。对于经典的函数说明没有参数信息。例如:

```
int put(int x,int y,int z,int color,char p);    //说明一个带 5 个形式参数的返回值
                                                    为整型的函数
char name(void);                                //说明一个带空值型形式参数的返回
                                                    值为字符型的函数
void student(int n, char str);                  //说明一个带 2 个形式参数的不返回
                                                    值的函数
float calculate();                              //说明一个不带形式参数的返回浮点
                                                    型值的函数
```

注意:如果一个函数没有说明就被调用,编译程序并不认为出错,而将此函数默认为整型(int)函数。因此当一个函数返回其他类型,又没有事先说明,编译时将会出错。

②函数定义

函数定义就是确定该函数完成什么功能以及怎么运行,相当于其他语言的一个子程序。Arduino 语言对函数的定义采用 ANSI 规定的方式,即:

函数类型　函数名(数据类型　形式参数;数据类型　形式参数;……)
{
　　函数体;
}

其中,函数类型和形式参数的数据类型为 C 语言的基本数据类型。函数体为 C 语言提供的库函数和语句以及其他用户自定义函数调用语句的组合,并包括在一对花括号"{"和"}"中。

需要指出的是,一个程序必须有一个主函数,其他用户定义的子函数可以是任意多个,这些函数的位置也没有什么限制,可以在主函数前,也可以在主函数后。

(2)函数的调用

①函数的简单调用

函数的简单调用是指调用函数时直接使用函数名和实参的方法,也就是将要赋给被调用函数的参量,按该函数说明的参数形式传递过去,然后进入子函数运行,运行结束后再按子函数规定的数据类型返回一个值给调用函数。使用库函数就是函数简单调用的方法之一。例 1:

```
#include<stdio.h>
int maxmum(int x, int y, int z);        //说明一个用户自定义函数
void setup()
    {
```

```
        Serial.begin(9600);        //调用库函数
      }
   void loop()
       {
     int i=4, j=10, k=25;
     Serial.println(i);         //调用库函数
     Serial.println(j);         //调用库函数
     Serial.println(k);         //调用库函数
      maxmum(i, j, k);
       }
   int maxmum(int x, int y, int z)//函数定义
   {
       int max;
       max=x>y? x:y;
       max=max>z? max:z;
       Serial.print("The maxmum value of the 3 data is %d\n");    //调用库函数
       Serial.println( max);      //调用库函数
   }
       程序通过串口输出
       4
       10
       25
       The maxmum value of the 3 data is%d
       25
```

扩充:$x>y$? x:y 为一个条件表达式,表达式中用到的运算符为条件运算符,要求有三个操作对象,又称三目条件运算符,条件表达式的一般形式为:表达式 1:表达式 2:表达式 3,它的执行过程:如果表达式 1(如 $x>y$)条件为真,则条件表达式取表达式 2 的值(如 x),否则取表达式 2 的值(如 y)。

函数要使用其外部的数据,需通过参数传递来实现。函数的参数传递有三种方法,分别如下:

a.调用函数向被调用函数以实际参数传递。

用户编写的函数一般在对其说明和定义时就规定了形式参数类型,因此调用这些函数时参量必须与函数中形式参数的数据类型、顺序和数量完全相同,否则在调用中将会出错,得到意想不到的结果。

传递数组的某个元素时,数组元素作为实参,此时按使用其他简单变量的方法使用数组元素。例 1 按传递数组元素的方法传递时变为:

当要传递某个数值时,此时可按使用简单变量的方法来存储这个数值,然后把这个变量

67

作为实参。在简单应用中,也可以直接把数值作为实参来进行传递。例 2:

```
 void disp(int n);              //函数申明
void setup()
{
Serial.begin(9600);
}
    void loop()
    {
        int m[10], i;
        for(i=0; i<10; i++){
          m[i]=i;
          disp(m[i]);          //函数调用一个传递数组元素
          }
          }
     void disp(int n)          //函数定义
{
        Serial.println(n);
    }
```

程序结果在串口输出 0,1,2,3,4,5,6,7,8,9(为了节省空间,真正是一行输出一个数字)。程序中函数定义 void disp(int n)中的 n 为形式参数,而在主函数中要调用这个函数时用 disp(i),i 即为实际参数,每调用一次传递一个整数值作为实参。

b. 被调用函数向调用函数返回值

一般使用 return 语句时由被调用函数向调用函数返回值,该语句有下列用途:

A. 它能立即从所在的函数中退出,返回到调用它的程序中去。

B. 返回一个值给调用它的函数。

有两种方法可以终止函数运行并返回到调用它的函数中:一是执行到函数的最后一条语句后返回;二是执行到语句 return 时返回。前者当函数执行完后仅返回给调用函数一个 0。若要返回一个值,就必须用 return 语句。只需在 return 语句中指定返回的值即可。例 1 返回最大值程序变为如下程序:

```
 int maxmum(int x, int y, int z);      // 申明一个用户自定义函数
 void setup()
     {
     Serial.begin(9600);
     }
 void loop()
```

```
{
    int i＝10，j＝25，k＝34，max；
    Serial.println(i)；
    Serial.println(j)；
    Serial.println(k)；
    max＝maxmum(i，j，k)；          //调用子函数，并将返回值赋给 max
    Serial.println( max)；
      }

    int maxmum(int x，int y，int z)      //函数定义
     {
        int max1；
        max1＝x＞y？x：y；            //求最大值
        max1＝max＞z？max：z；
        return(max1)；              //返回最大值
     }
程序输出结果：
    10
    25
    34
    34
```

maxmum 函数运行完，返回值为 max1，本程序为 34，在主程序把这个值赋给 max，然后通过串口把 34 这个值输出到监视器。

return 语句可以向调用函数返回值，但这种方法只能返回一个参数，在许多情况下要返回多个参数，这时用 return 语句就不能满足要求。

c.用全程变量实现参数互传

以上两种办法可以在调用函数和被调用函数间传递参数，但使用不太方便。如果将所要传递的参数定义为全程变量，可使变量在整个程序中对所有函数都可见。这相当于在调用函数和被调用函数之间实现了参数的传递和返回。这也是实际中经常使用的方法，但定义全程变量势必长久地占用了内存。因此，全程变量的数目受到限制，特别对于较大的数组更是如此。当然对于绝大多数程序内存都是够用的。例如

```
int m[10]；                         //定义全程变量
void setup()
{
Serial.begin(9600)；
    }
```

```
void loop()
  {
    int i;
    Serial.println("In main before calling");
    for(i=0; i<10; i++)
    {
      m[i]=i;
      Serial. println( m[i]);              //输出调用函数前数组的值
      }
    disp(   );                             //调用子函数
    Serial. println("In main after calling");
    for(i=0; i<10; i++)
      Serial. println( m[i]);              //输出调用函数后数组的值
      }
    void disp(void)                        //自定义函数
    {
      int j;
      Serial. println("In subfunc after calling");      //调用库函数
      for (j=0; i<10; j++)
      {
        m[j]=m[j]*10;
        Serial. println( m[i]);            //函数中输出数组调整过的值
        }
      }
  }
```

m[10]数组作为全程变量,又称全局变量,在主函数和其他函数中都可以直接使用。

②函数的递归调用

Arduino 语言中允许函数自己调用自己,即函数的递归调用。递归调用可以使程序简洁、代码紧凑,但要牺牲内存空间作处理时的堆栈。

例如,要求一个 n!（n 的阶乘)的值,可用下面递归调用:

```
unsigned long mul(int n);
void setup()
{
Serial.begin(9600);
}
void loop()
{
```

```
    int m;
Serial.print("Calculate n! =? \n");
while(Serial.available()>0)
    m = Serial.read();          //键盘输入数据——由串口读入一个字节
  Serial.println( m);           //调用子程序计算并输出
  Serial.println( mul(m));
  delay(100);
            }
unsigned long mul(int n)              //自定义函数
{
    unsigned long p;
    if(n>1)
      p=n * mul(n-1);                 //递归调用计算 n!
      else
      p=1;
      return(p);                      //返回结果
}
```

在串口输出 Calculate n! =? 后,在键盘上输入 4 并回车,程序结果:

```
4
24
```

（3）函数作用范围与变量作用域

①函数作用范围

每个函数都是独立的代码块,函数代码归该函数所有,除了对函数的调用以外,其他任何函数中的任何语句都不能访问它。例如,使用跳转语句 goto 就不能从一个函数跳进其他函数内部。除非使用全程变量,否则一个函数内部定义的程序代码和数据,不会与另一个函数内的程序代码和数据相互影响。

所有函数的作用域都处于同一嵌套程度,即不能在一个函数内再说明或定义另一个函数。

一个函数对其他子函数的调用是全程的,即使函数在不同的文件中,也不必附加任何说明语句就可被另一函数调用,也就是说一个函数对于整个程序都是可见的。

②函数的变量作用域

变量是可以在各个层次的子程序中加以说明的,也就是说,在任何函数中,变量说明只允许在一个函数体的开头处说明,而且允许变量的说明（包括初始化）跟在一个复合语句的左花括号的后面,直到配对的右花括号为止。它的作用域仅在这对花括号内,当程序执行到出花括号时,它将不复存在。当然,内层中的变量即使与外层中的变量名字相同,它们之间也是没有关系的。例如:

```
void setup()
  {   }
int sum(int a,int b)  //变量 a 和 b 在 sum 函数中有效
{
int c;
c=a+b;
return c;
}
void loop ()
{
   int x=1,y=3;
   int d,c=0;
   d=sum(x,y);
   x=c+y;     //这里的 c 和 sum 函数中的 c 无关
   Serial.print(d);
   Serial.print(x);
}
```

运行之后,串口输出结果为 d=4,x=3。从程序运行的结果不难看出程序中各变量之间的关系,以及各个变量的作用域。

(4)二维数组

①二维数组的定义

前面介绍的数组只有一个下标,称为一维数组,其数组元素也称为单下标变量。二维数组可以看作是由一维数组的嵌套而构成的。设一维数组中每个元素又是一个数组,就组成了二维数组。当然,前提是各元素类型必须相同。根据这样的分析,一个二维数组也可以分解为多个一维数组。在实际问题中还有很多量是多维的,因此允许构造多维数组。多维数组元素有多个下标,以标识它在数组中的位置,所以也称为多下标变量。本节只介绍二维数组,多维数组可由二维数组类推得到。

二维数组类型说明的一般形式是:

    类型说明符 数组名[常量表达式 1][常量表达式 2];

何为常量表达式? 即值不会改变且在偏译过程中就能得到计算结果的表达式。其中,常量表达式 1 表示第一维下标的长度,常量表达式 2 表示第二维下标的长度。例如:

        int a[3][4];

定义了一个三行四列的数组,数组名为 a,其下标变量的类型为整型。该数组的下标变量共有 3×4 个,即:

$$a[0][0],a[0][1],a[0][2],a[0][3]$$
$$a[1][0],a[1][1],a[1][2],a[1][3]$$
$$a[2][0],a[2][1],a[2][2],a[2][3]$$

二维数组在概念上是二维的,即使说其下标在两个方向上变化,下标变量在数组中的位置也处于一个平面之中,而不是像一维数组只是一个向量。但是,实际的硬件存储器却是连续编址的,也就是说存储器单元是按一维线性排列的。如何在一维存储器中存放二维数组呢? 有两种方式:一种是按行排列,即放完一行之后顺次放入第二行。另一种是按列排列,即放完一列之后再顺次放入第二列。在 C 语言中,二维数组是按行排列的,将这种二维数组 a[3][4]分解为三个一维数组,其数组名分别为 a[0],a[1],a[2]。在图 3.20 中,按行依次存放,先存放 a[0]行,再存放 a[1]行,最后存放 a[2]行。每行(或者说每个一维数组)中有四个元素,例如,一维数组 a[0]的元素为 a[0][0],a[0][1],a[0][2],a[0][3],也是依次存放。由于数组 a 说明为 int 类型,该类型占两个字节的内存空间,所以每个元素均占有

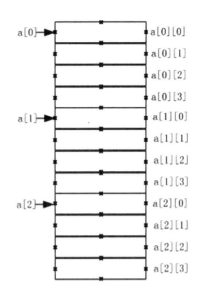

图 3.20　数组 a[3][4]存储空间分布

两个字节(图中每一格为两字节)。必须强调的是:对这三个一维数组不需另作说明即可使用。a[0],a[1],a[2]不能当作下标变量使用,它们是数组名,不是一个单纯的下标变量。

②二维数组元素的引用

二维数组的元素也称为双下标变量,其表示的形式为:数组名[下标][下标],其中下标应为整型常量或整型表达式。例如:a[3][4] 表示 a 数组三行四列的元素。下标变量如 a[3][4]和数组说明如 int a[3][4]在形式中有些相似,但这两者具有完全不同的含义。数组说明如 int a[3][4]的方括号中的 3 和 4 给出的是某一维的长度,即可取下标的最大值;而数组元素如 a[3][4]的方括号中的 3 和 4 是该元素在数组中的位置标识。前者只能是常量,后者可以是常量、变量或表达式。

③二维数组的初始化

二维数组初始化也是在类型说明时给各下标变量赋以初值。二维数组可按行分段赋值,也可按行连续赋值。例如,对数组 a[5][3]赋初值:

a. 按行分段赋值可写为:

int a[5][3]={ {80,75,92},{61,65,71},{59,63,70},{85,87,90},{76,77,85} };

b. 按行连续赋值可写为:

int a[5][3]={ 80,75,92,61,65,71,59,63,70,85,87,90,76,77,85 };

这两种赋初值的结果是完全相同的。

对于二维数组初始化赋值还有以下说明:

A. 可以只对部分元素赋初值,未赋初值的元素自动取 0 值。

例如:

int a[3][3]={{1},{2},{3}};

是对每一行的第一列元素赋值,未赋值的元素取值为 0。程序执行后数值各元素的值为:

a[0][0]=1,a[0][1]=0,a[0][2]=0;a[1][0]=2,a[1][1]=0,a[1][2]=0;a[2][0]

=3,a[2][1]=0,a[2][2]=0

int a [3][3]={{0,1},{0,0,2},{3}};

程序执行后数组各元素值为：

a[0][0]=0,a[0][1]= 1,a[0][2]=0;a[1][0]=0,a[1][1]=0,a[1][2]=2;a[2][0]=3,a[2][1]=0,a[2][2]=0

B. 若对全部元素赋初值,则第一维的长度可以不给出。

例如：

int a[3][3]={1,2,3,4,5,6,7,8,9};

可以写为：

int a[ ][3]={1,2,3,4,5,6,7,8,9};

④二维数组应用举例

在二维数组 A 中选出各行最大的元素组成一个一维数组 B。A[3][4]={{3,16,87,65},{4,32,11,108},{10,25,12,37}},B[3]={87,108,37}。本题的编程思路是,在数组 A 的每一行中寻找最大的元素,找到之后把该值赋予数组 B 相应的元素。

```
int A[3][4]={{3,16,87, 65}, {4,32,11,108},{10,25,12,37}};
int B[3]={0,0,0};
int m;
void setup()
  {
  Serial.begin(9600);
  }
void loop()
{   for(int j=0;j<3;j++)
  {
  for(int i=0;i<3;i++)
    if(A[j][i]>A[j][i+1])
        {m= A[j][i+1]; A[j][i+1]=A[0][i];A[j][i]=m;}
    B[j]=A[j][3];
  }
    Serial.println(B[0]);
 Serial.println(B[1]);
 Serial.println(B[2]);
 }
```

在没有硬件的条件下,为更好地理解数码管静态显示控制,设计了基于 Proteus 的仿真电路(见图 3.21),在这个仿真电路电路中用到三种元件:一种是控制芯片元件,其关键词为328p;一种是数码管元件,其关键词为 7seg;另一种是电阻元件,其关键词为 res。读者可参考本教材中给的参考程序,在仿真硬件电路中实现数码管静态显示控制。

思考题：编写程序实现 0—9 的单数显示或双数显示。

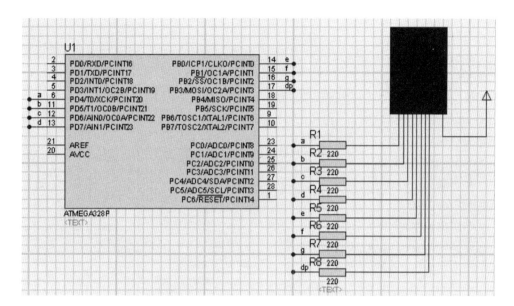

图 3.21　数码管静态显示仿真电路

任务五　数码管动态显示（以二位数码管显示为例）

要实现数码管动态显示，所需的硬件电路由一块 Arduino 控制板、一个二位一体数码管、若干个电阻元件构成，它们之间的电路连接原理如图 3.22 所示。二位一体的数码管有两种信息：一种是数码的字位信息（在哪个位置上显示）；另一种是数码的字码信息（显示什么数字）。数码管动态显示是通过 Arduino 控制板控制引脚时首先输出位置信息，再输出对应的字码信息，延时之后再使位置信息无效，使另外一位的位置信息有效，输出对应的字码信息，延时之后再使其位置信息无效，一直循环就实现了数码管的动态显示。

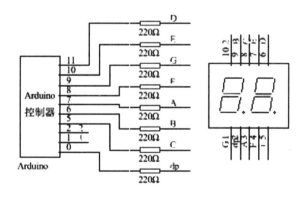

图 3.22　数码管动态显示电路原理

✓ **参考程序**

```
#define SEG_A 7
#define SEG_B 6
#define SEG_C 5
#define SEG_D 11
#define SEG_E 10
#define SEG_F 8
#define SEG_G 9
#define SEG_DP 4
//共阴极
#define COM1 1
#define COM2 2
unsigned char table[10][8]=
{
{0,0,1,1,1,1,1,1},
{0,0,0,0,0,1,1,0},
{0,1,0,1,1,0,1,1},
{0,1,0,0,1,1,1,1},
{0,1,1,0,0,1,1,0},
{0,1,1,0,1,1,0,1},
{0,1,1,1,1,1,0,1},
{0,0,0,0,0,1,1,1},
{0,1,1,1,1,1,1,1,1},
{0,1,1,0,1,1,1,1}
};   //0,1,2,3,4,5,6,7,8,9  数字的字型码

viod setup()    //设置输出引脚
{
pinMode(SEG_A,OUTPUT);
pinMode(SEG_B,OUTPUT);
pinMode(SEG_C,OUTPUT);
pinMode(SEG_D,OUTPUT);
pinMode(SEG_E,OUTPUT);
pinMode(SEG_F,OUTPUT);
pinMode(SEG_G,OUTPUT);
pinMode(SEG_DP,OUTPUT);

pinMode(COM1,OUTPUT);
```

```
        pinMode(COM2,OUTPUT);
}

void loop()
{
Display(1,1);
Delay(500);
Display(2,2);
Delay(500);
}
void Display(unsigned char com, unsigned char num)
{
digitalWrite(SEG_A,LOW);      //去除余晖
digitalWrite(SEG_B,LOW);
digitalWrite(SEG_C,LOW);
digitalWrite(SEG_D,LOW);
digitalWrite(SEG_E,LOW);
digitalWrite(SEG_F,LOW);
digitalWrite(SEG_G,LOW);

switch(com)    //选通位选,即选通哪个位置量示
{
case 1:
      digitalWrite(COM1,LOW);
      digitalWrite(COM1,HIGH);
      break;
case 2:
       digitalWrite(COM1,HIGH);
        digitalWrite(COM1,LOW);
        break;
}
      digitalWrite(SEG_A,table[num][7]);
      digitalWrite(SEG_B,table[num][6]);
      digitalWrite(SEG_C,table[num][5]);
      digitalWrite(SEG_D,table[num][4]);
      digitalWrite(SEG_E,table[num][3]);
      digitalWrite(SEG_F,table[num][2]);
      digitalWrite(SEG_G,table[num][1]);
      digitalWrite(SEG_H,table[num][0]);
    }
```

✓ 硬件说明

动态显示是一位(控制每位显示的接口线)一位地轮流点亮各位数码管,这种逐位点亮显示器的方式称为位扫描。各位数码管的段选线相应并联在一起,由一个 8 位的 I/O 口控制;各位的位置选线(公共阴极或阳极)由另外的 I/O 口线控制。但由于人眼存在视觉暂留效应,只要每位显示间隔适当就可以给人以同时显示的感觉。

位选码:主要针对多位 LED 显示的问题,由于是动态显示,在哪个数码管上显示由其决定。

字型码:通常把控制数码管中发光二极管的 8 位二进制数称为字型码(段选码)。本例程中各段码与数据位的对应关系如表 3.6 所示。

表 3.6　各段码与 Arduino 控制器的端口对应表

控制器端口	4	9	8	10	11	5	6	7
段码位	DP	G	F	E	D	C	B	A

✓ 语言说明

(1)switch-case 语句——多分支选择语句

格式为:

```
switch(变量)
{
    case 常量 1:
      语句 1 或空;
    case 常量 2:
      语句 2 或空;
    case 常量 n:
      语句 n 或空;
    default:
      语句 n+1 或空;
}
```

执行 switch 开关语句时,将变量逐个与 case 后的常量进行比较,若与其中一个相等,则执行该常量下的语句,若不与任何一个常量相等,则执行 default 后面的语句。

注意:

a. switch 中变量可以是数值,也可以是字符。

b. 可以省略一些 case 和 default。

c. 每个 case 或 default 后的语句可以是语句体,但不需要使用"{"和"}"括起来。

```
    switch(com)

    {
    case 1:
          digitalWrite(COM1,LOW);
          digitalWrite(COM1,HIGH);
          break;
    case 2:
          digitalWrite(COM1,HIGH);
          digitalWrite(COM1,LOW);
          break;
    }     //当 com 等于 1 时,先执行 digital Write(COM1, LOW)和 digital Write(COM1,
          HIGH)两条语句,然后执行 break 语句,跳出整个多分支选择。当 com 等于 2
          时与 com 等于 1 时类似
```

d. 正常情况下,每个 case 后语句的最后一条都为 break 语句,跳出 switch 选择,如果漏掉,同样是上述程序,程序中 com 如果是 1,执行 case 1 后面的语句,然后执行 case 2 后面的语句,碰到 break 才跳出。

```
    switch(com)

    {
    case 1:
          digitalWrite(COM1,LOW);
          digitalWrite(COM1,HIGH);
    case 2:
          digitalWrite(COM1,HIGH);
          digitalWrite(COM1,LOW);
          break;
    }
```

(2)调用函数向被调用函数以形式参数传递

程序中用到函数调用如 Display(1,2)等,在调用函数前用户需对其进行说明和定义,在说明和定义中就规定了形式参数类型,如 Display(unsigned char com, unsigned char num)中的形参 com 和 num 为 unsigned char 类型,因此调用这些函数时参量必须与函数中形式参数的数据类型、顺序和数量完全相同,如 Display(1,2)中的前面那个实参 1 必须是 unsigned char 或整数型,后面那个实参 2 也必须是 unsigned char 或整数型,并且个数和顺序必须一致,否则在调用中将会出错,得不到想要的结果。用下述方法传递数组形参。

```
void Display(unsigned char com, unsigned char num)
  {
 digitalWrite(SEG_A,LOW);      //去除余晖
 digitalWrite(SEG_B,LOW);
 digitalWrite(SEG_C,LOW);
 digitalWrite(SEG_D,LOW);
 digitalWrite(SEG_E,LOW);
 digitalWrite(SEG_F,LOW);
 digitalWrite(SEG_G,LOW);

switch(com)    //选通位选
{
case 1:
       digitalWrite(COM1,LOW);
       digitalWrite(COM1,HIGH);
       break;
case 2:
       digitalWrite(COM1,HIGH);
       digitalWrite(COM1,LOW);
       break;
}
 digitalWrite(SEG_A,table[num][7]);   //数组元素 table[num][7]作为实参
 digitalWrite(SEG_B,table[num][6]);   //数组元素 table[num][6]作为实参
 digitalWrite(SEG_C,table[num][5]);   //数组元素 table[num][5]作为实参
 digitalWrite(SEG_D,table[num][4]);   //数组元素 table[num][4]作为实参
 digitalWrite(SEG_E,table[num][3]);   //数组元素 table[num][3]作为实参
 digitalWrite(SEG_F,table[num][2]);   //数组元素 table[num][2]作为实参
 digitalWrite(SEG_G,table[num][1]);   //数组元素 table[num][1]作为实参
 digitalWrite(SEG_H,table[num][0]);}  //数组元素 table[num][0]作为实参
```

在没有硬件的条件下,为更好地理解数码管动态显示控制,设计了基于 Proteus 的仿真电路(见图 3.23),在这个仿真电路中用到两种元件:一种是控制芯片元件,其关键词为 328p;另一种是数码管元件,其关键词为 7seg。读者可参考本教材中给的参考程序,在仿真硬件电路中实现数码管动态显示控制。

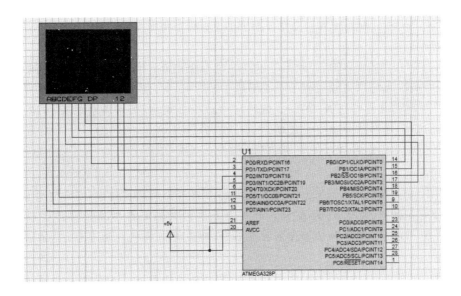

图 3.23　数码管动态显示电路仿真

思考题：(1)编写程序实现 0—99 的动态显示。

(2)如何实现四位一体数码管的动态显示？

 知识扩展

　　由于 Arduino UNO 板只有 14 个数字引脚，四位一体数码管有 12 根引脚，占用资源过多，如何用更少的资源来实现相同的功能即 I/O 口的扩展呢？这里采用串并转换 74HC595 芯片。由于一块 74HC595 芯片只有 8 位并行输出，而四位一体数码管有 12 根引脚，所以需要 2 块 595 芯片。

　　74HC595 是在单片机系统中常用的芯片之一，其作用就是把串行的信号转为并行的信号，常用于各种数码管以及点阵屏的驱动芯片，使用它可以节约单片机的 I/O 口资源，用 3 个 I/O 就可以控制 8 个数码管的引脚，且有一定的驱动能力，可以免掉三极管等放大电路，所以这块芯片应用非常广泛。74HC595 的引脚如图 3.24 所示。

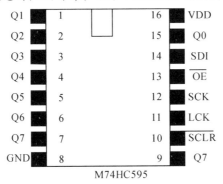

图 3.24　74HC595 的引脚

74HC595 的引脚大致可以分成三类端口，分别为数据端、控制端和电源端。

数据端：

QA—QH(15,1—7 脚，又称 Q0—Q7)：八位并行(平行)输出端，可以直接控制数码管的 8 个段，也可以直接控制 8 个 LED。

$Q7'$：(9 脚，又称 QH'或 Q7S)：级联(串行)输出端，如果用多块芯片，实现多个芯片之间的级联，通常将它接下一级联 74HC595 的 SDI 端。

SDI：(14 脚，又称 DS) 串行数据输入端。

控制端：

$\overline{SCLR}$((10 脚)：(又称$\overline{MR}$)低电平时将移位寄存器的数据清零，通常将它接+5V。

LCK(11 脚)：(又称 RCK 或 SH_cp)：上升沿时数据寄存器的数据移位 QA→QB→QC→…→QH；下降沿移位寄存器数据不变，即上升沿实现数据移位，下降沿实现数据保持。

SCK(12 脚)：(又称 ST_cp)上升沿时移位寄存器的数据进入存储寄存器即更新显示数据，下降沿时存储寄存器数据不变。

$\overline{OE}$(13 脚)：低电平有效，高电平时禁止输出(高阻态)。

电源端：

GND(8 脚)：芯片的电源引脚，接地线。

VDD(16 脚)：(又称 VCC)，芯片的电源引脚，范围为 2～6V，一般接+5V。

74HC595 具有 8 位移位寄存器和一个存储寄存器，具备三态输出功能(见图 3.25)。移位寄存器和存储寄存器分别是时钟 SH_cp 和 ST_cp，数据在 SH_cp 的上升沿输入，在 ST_cp 的上升沿进入存储寄存器中。如果两个时钟连在一起，则移位寄存器总是比存储寄存器早一个脉冲，移位寄存器有一个串行移位输入(SDI)和一个串行输出($Q7'$)。存储寄存器有一个并行 8 位的、具备三态的总线输出，当使能 OE 时(为低电平)，存储寄存器的数据输出到总线。

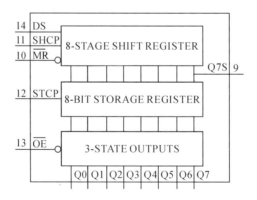

图 3.25　74HC595 功能

74HC595 使用的原理如图 3.26 所示；步骤如下：

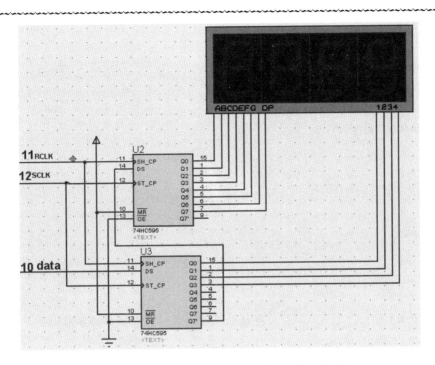

图 3.26　基于 74HC595 的四位一体数码管显示原理

第一步：准备输入的位数据移入 74HC595 数据输入端上，Arduino 的输出引脚 10 为数据输入端。

第二步：将位数据逐位移入 74HC595，即数据串入，Arduino 的 11 管脚产生一上升沿，将 10 管脚上的数据从低到高移入 74HC595 中。

第三步：并行输出数据即数据并出，Arduino 的口管脚产生一上升沿，将由移位寄存器上的数据移入存储寄存器中，送入到输出锁存器。由于 $\overline{OE}$ 接低电平，所以数据直接输出到总线。

参考程序如下：

```
// 本程序是实现在四位一体数码管中最后一位循环显示 0—9。
unsigned char LED_OF[]=
{
  0xC0,0xF9,0xA4,0xB0,0x99,0x92,0x82,0xF8,0x80,0x90,0xFF,0xFF,0xFF
};// 0 1 2 3 4 5 6 7 8 9 灭 灭 灭


unsigned char LED[4];     //存储四个要显示的字形码,本程序只用到最后一位
char led_bit[4]={0x01,0x02,0x04,0x08};
int SCLK =11;
int RCLK =12;
int DIO =10;
```

```
    int x=0,y;

void setup(){                    //初始化
  pinMode(SCLK,OUTPUT);
  pinMode(RCLK,OUTPUT);
  pinMode(DIO,OUTPUT);
}


void loop(  )                    //主程序
{
  if(x>9)
  {
    x=0;
  }
  LED[3]=x%10;                    //存储数码管最后一位要显示的字形码
  for(int j=0;j<500;j++)
  {

    LED_Display(5);
  }
  x++;
}


void LED_Display(int n){         //显示子程序
  unsigned char * led_table;
  unsigned char i;
  int a;
  for(a=4;a<n;a++)               //如果要显示 2 位,改成 a=3;同理,要显示 4 位,改
成 a=1。
  {
    led_table=LED_OF+LED[a-1];
    i= * led_table;
    LED_OUT(i);
digitalWrite(RCLK,LOW); //产生上升沿,把 595 中移位寄存器中的数据移入存储寄
存器中
digitalWrite(RCLK,HIGH);
  }
}
```

```
    void LED_OUT(unsigned char X)        //把串行数据移入 595 的移位寄存器中
{
  unsigned char i;
  for(i=8;i>=1;i——)
  {
    if(X&0x80)
    {
    digitalWrite(DIO,HIGH);
    }
    else
    {
    digitalWrite(DIO,LOW);
    }
    X<<=1;
    digitalWrite(SCLK,LOW); //产生上升沿
    digitalWrite(SCLK,HIGH);
  }
}
```

在 Arduino 编程中,要判断两个条件同时满足,如 if($a<10$&&$a>5$)即变量 a 的范围要在 5 到 10 之间条件才成立,这里就用到逻辑运算符号 &&,下面就逻辑运算进行探讨。逻辑运算符有与运算(&&)、或运算(||)和非运算(!)。

1. 与运算(&&)

如 A&&B,只要 A 条件(表达式)和 B 条件(表达式)都满足(True),结果才为真(True),如果 A 条件和 B 条件中有一个条件不满足(False),则结果为假(False)。

例如:16&&0,其中 16 不为 0 即真,0 为假,相与的结果为假,也就是 0。

($6<8$) && ($5>2$),其中 $6<8$ 表达式的结果是真,为 1,$5>2$ 表达式结果也为真,也为 1,所以相与的结果为真,也就是 1。

2. 与运算(||)

如 A||B,只要 A 条件(表达式)和 B 条件(表达式)都不满足(False),结果才为假(False),如果 A 条件和 B 条件中有一个条件满足(True),则结果为真(True)。

例如:68|| 0,其中 68 不为 0 即真,0 为假,相或的结果为真,也就是 1。

($6<1$) || ($5>8$),其中 $6<1$ 的结果为假,$5>8$ 的结果是假,所以相或的结果为假,也就是 0。

3. 非运算(!)

如! B,只要 B 条件(表达式)不满足(False),结果才为真(True),如果 B 条件(表达式)满足(True),则结果为假(False)。

例如:！5,其中 5 为真,非运算的结果为假,也就是 0。

！(6<0),其中 6<0 的结果为假,非运算的结果为真,也就是 1。

优先级:在逻辑运算符中,非运算级别最高、其次是与运算,最后是或运算

例如:！a>b && b || 9>c,参考本教材表 3.3 可等价于((((！a)>b)&&b)||(9>c)

在运算符中能进行逻辑操作的还有位运算符,有位与、位或、位非、左移、右移、异或运算。下面就讨论位运算符:

(1)&:二进制按位与操作,即对应的位进行与操作,都为 1 时结果为 1,只要有 0 即为 0。

例如:6 & 5 = 0000 0110 &0000 0101 = 0000 0100 = 4

说明:先把操作数转换成对应的二进制,这里用 8 位二进制来表示,然后逐位从最低位开始,6 的最低位是 0,5 的最低位是 1,然后这两位进行相与得 0,然后进行下一位,以此类推,直至完成最高位的位与操作,最后得到各位对应的结果,即操作数相与的结果。

(2)|:二进制按位或操作,即对应的位进行或操作,只要有 1 结果即为 1。

例如:5 | 3 = 0000 0101 | 0000 0011 = 0000 0111 = 7

说明:跟位与操作分析相似,把与操作变成或操作即可。

(3)～:二进制按位取反操作,即对应的位进行非操作,对应的位为 1 时结果为 0,为 0 时结果为 1。

例如:2 = 0000 0010,则～2 = 1111 1101

(4)<<:二进制左移操作,左移 1 位相当于乘以 2,在计算机中经常用来做乘以 2 的操作。

例如:2<<4 = (0000 0010)<<4= 0010 0000 =32

(5)>>:二进制右移操作,右移 1 位相当于除以 2,在计算机中经常用来做除以 2 的操作。

例如:64>>4 = (0100 0000)>>4=0000 0100 =4

(6)^:异或操作,对应的位进行异或操作,遵循规律 1^0 = 1,0^0 = 0,1^1 = 0,0^1 = 1。

例如:8^9=0000 1000^ 0000 1001=0000 0001=1

3.3 8*8 点阵式 LED

数码管只能用来显示数字,若要实现既可显示数字,又能显示汉字和一些简单的图形,就需要用点阵式 LED 实现。接下来介绍用点阵式 LED 来显示时间。

任务六　点阵式 LED 显示

要显示 8 * 8 点阵式 LED 显示,所需的硬件电路由一块 Arduino 控制板、一块 8 * 8 点阵式 LED 构成,它们之间的电路连接原理如图 3.27 所示。由于 Arduino UNO 的引脚资源不够,因而选用 Arduino Leonardo 控制器来驱动,并在 8 * 8 点阵式 LED 上显示所需的内容。

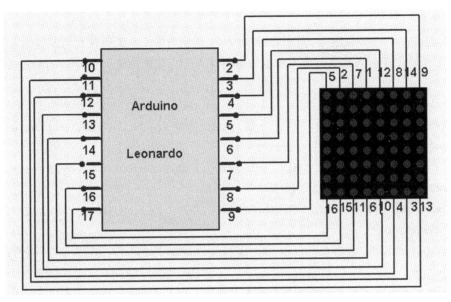

图 3.27　8 * 8 点阵式 LED 显示电路原理

✓　**参考程序**

```
//下面的定义是 ——点阵显示器与 Arduino 控制器的引脚关系
//the pin to control ROW
const int row1 = 2; // the number of the row pin 9 //即点阵的第9管脚与 Arduino 的第2管脚
const int row2 = 3; // the number of the row pin 14
const int row3 = 4; // the number of the row pin 8
const int row4 = 5; // the number of the row pin 12
const int row5 = 6; // the number of the row pin 1
    const int row6 = 7; // the number of the row pin 7
const int row7 = 8; // the number of the row pin 2
const int row8 = 9; // the number of the row pin 5
//the pin to control COl
const int col1 = 10; // the number of the col pin 13
const int col2 = 11; // the number of the col pin 3
```

```
const int col3 = 12; // the number of the col pin 4
const int col4 = 13; // the number of the col pin 10
const int col5 = 14; // the number of the col pin 6
const int col6 = 15; // the number of the col pin 11
const int col7 = 16; // the number of the col pin 15
const int col8 = 17; // the number of the col pin 16
```

// 定义了一个二位数组,用来存放数字 0—9 的字模,字模的获取可以手工(按照图 3.31)也可以从网上下载专门的字模获取软件来处理,需要注意的是这里用的是 8 * 8 的字模

```
unsigned char Num[10][8]=
{0x00,0x1c,0x22,0x41,0x41,0x22,0x1c,0x00},{0x00,0x40,0x44,0x7e,0x7f,0x40,0x40,0x00},
{0x00,0x00,0x66,0x51,0x49,0x36,0x00,0x00},{0x00,0x00,0x22,0x41,0x49,0x36,0x00,0x00},
{0x00,0x10,0x1c,0x13,0x7c,0x7c,0x10,0x00},{0x00,0x00,0x27,0x45,0x45,0x45,0x39,0x00},
{0x00,0x00,0x3e,0x49,0x49,0x32,0x00,0x00},{0x00,0x03,0x01,0x71,0x79,0x07,0x03,0x00},
{0x00,0x00,0x36,0x49,0x49,0x36,0x00,0x00},{0x00,0x00,0x26,0x49,0x49,0x3e,0x00,0x00}}
void setup( )      //初始化
{
int i = 0;
    for(i=2;i<18;i++)
  {
    pinMode(i, OUTPUT);
  }
    clear_();
  }

    void Draw_point(unsigned char x,unsigned char y)      //点亮单个 LED
    {
    clear_();
    digitalWrite(x+2, HIGH);
    digitalWrite(y+10, LOW);
    delay(1);
  }
```

```
void Display_num(int x1)      //显示一位数字
{
unsigned char i,j,data;
int c=x1;
for(i=0;i<8;i++)
{
  data=Num[c][i];
  for(j=0;j<8;j++)
  {
    if(data & 0x01)
        Draw_point(j,i);
    data>>=1;
  }
}
}


void loop(   )        //显示 0—9
{
  int i=0;
  if(i<=9)
  {
    Display_num(i);
    delay(200);
    i++;
  }
}
void clear_(void)      // 清屏
{
  for(int i=2;i<10;i++)
    digitalWrite(i, LOW);
  for(int i=0;i<8;i++)
    digitalWrite(i+10, HIGH);
}
```

✓ 硬件说明——8 * 8 点阵式 LED

点阵式 LED 在日常生活中非常常见,比如 LED 广告显示屏、电梯显示楼层、公交车报站等,数不胜数,其内部结构如图 3.28 所示。下面以 8 * 8 的点阵式 LED 来说明其原理。

(1)8 * 8 点阵原理图

8 * 8 点阵式 LED 也有共阴型和共阳型,管脚不变,如图 3.29 所示,但驱动有变,共阳

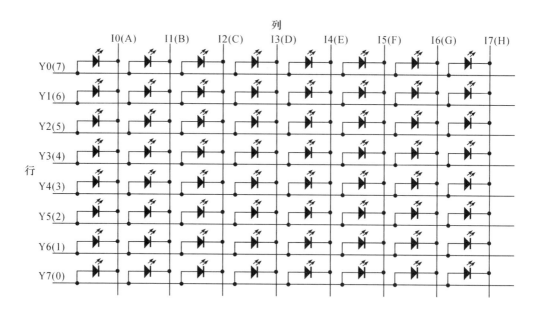

图 3.28　8＊8 点阵式 LED 内部结构

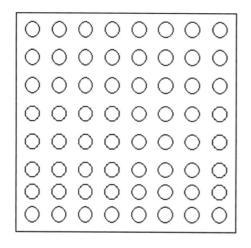

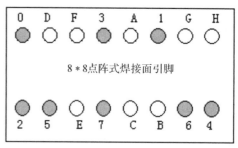

图 3.29　8＊8 点阵式 LED 外观及引脚

型要点亮一个 LED,对应的列线应给高电平;共阴型要点亮一个 LED,对应的行线应给低电平。

　　图 3.29 为 8＊8 点阵式 LED 外观及引脚(注意引脚图是反着看的,当原件插上去的时候,左右交换),只要其对应的列和行(即图 3.29 中的 X、I)给正向偏压,LED 即发亮。如果想使右上角 LED 点亮,则 Y0＝1,I7＝0,同时为防止发光 LED 过长时间发热烧毁,1kΩ 或 220Ω 限流电阻可以放在列上,也可以放在行上。

　　8＊8 点阵式扫描一般采用扫描式显示,分为点扫描、行扫描和列扫描,点扫描 $16 \times 64 = 1024$Hz,周期小于 1ms。若使用第二和第三种方式,则频率必须大于 128Hz(16×8),周期小于 7.8ms 即可符合视觉残差要求。需要注意的是,一次驱动一列或一行(8 颗 LED)时需外加驱动电路提高电流(可用 74HC595),否则 LED 亮度会不足。

(2)8 * 8 点阵应用

8 * 8 点阵共由 64 个发光二极管组成,且每个发光二极管均放置在行线和列线的交叉点上,当对应的某一行置 1 电平,某一列置 0 电平,则相应的二极管就亮;如果要将第一个点点亮,则 9 脚接高电平,13 脚接低电平;如果要将第一行点亮,则第 9 脚要接高电平,而列线(Arduino 的管脚 13、3、4、10、6、11、15、16)这些引脚接低电平;如果要将第一列点亮,则第 13 脚接低电平,而行线(Arduino 的管脚 9、14、8、12、1、7、2、5)这些引脚接高电平。如果要用点阵来显示汉字,一般采用 16 * 16 的点阵宋体字库,即每一个汉字在纵、横各 16 点的区域内显示的,也就是说得用 4 个 8 * 8 点阵组合成一个 16 * 16 的点阵,具体如何显示请参考相关资料。

要形成图 3.30 中的数字"0",形成的列代码为 00H,00H,3EH,41H,41H,3EH,00H,00H,要把这些代码分别依次送到相应的行线上面,列线送低电平。

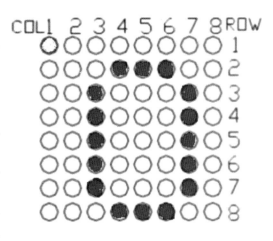

图 3.30　数字"0"点阵显示

✓ **语言说明**

本程序是通过给点阵显示器发送点扫描所需的数据,通过函数 Draw_point(unsigned char x,unsigned char y)来实现,函数 digitalWrite(x+2, HIGH)实现给行输出高电平,由于行是从第 2 个引脚开始的,而 x 传过来的参数是从 0 开始的,因而需加 2;函数 digitalWrite(y+10, LOW)实现给列输出低电平,由于列是从第 10 个引脚开始的,因而要加 10(原理跟行一样)。

```
for(i=0;i<8;i++)          //数字字模
{
  data=Num[c][i];
  for(j=0;j<8;j++)        //位显示
  {
    if(data & 0x01)
      Draw_point(j,i);
    data>>=1;
  }
}
```

数字的显示是通过两重循环来实现的,第一重循环是获取要输出的数字字模,第二重循环是实现字模中的位 LED 显示。

在没有硬件的条件下,为更好地理解 8 * 8 点阵式 LED 的显示原理,设计了基于

Proteus的仿真电路(见图3.31),在这个仿真电路中用到两种元器件:一种是控制芯片元件,其关键词为328p;另一种是 8 * 8 点阵式 LED 元件,其关键词为 matrix－8x8。读者可参考本教材中给的参考程序,在仿真硬件电路中实现 8 * 8 点阵式 LED 的显示控制。

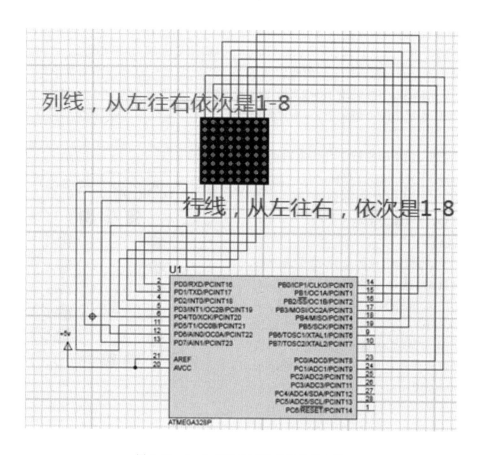

图 3.31 8 * 8 点阵式 LED 显示仿真电路

∨ 扩展内容

如何减少 Arduino 控制器的引脚资源?由于 UNO 控制板数字输出引脚只有 14 位,而 8 * 8 点阵式 LED 的引脚有 16 位,这样就导致输出引脚不够,因而采用 Max7219 驱动芯片来解决。其由 Arduino 控制板、Max7219 驱动芯片和 8 * 8 点阵式 LED 构成,它们之间的连接关系如图 3.32所示。Arduino 控制器通过 5(数据端)、6(时钟端)、7(芯片选择端)管脚给 Max7219 驱动芯片送信号,Max7219 驱动芯片把控制器送来的串行信号变成 8 * 8 点阵式 LED 所需的行列信号。

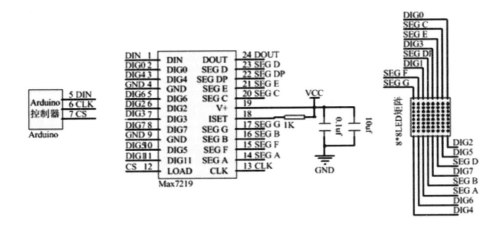

图 3.32 8 * 8 点阵式 LED 显示电路原理

✓ **参考程序**

```
♯ include <LedControl.h>   // 申明一个 LedControl 库,非偏译器白带库


int DIN = 5;       //数据输入端,串行输入
int CS =  7;       //芯片选择端,芯片是否工作
int CLK = 6;       //时钟输入端
LedControl nit=LedControl(DIN,CLK,CS,4);    //定义了一个名为 nit 的 Led-
Control 类
void printByte(byte ZJUNIT [])              //显示字符
{
  int i = 0;
  for(i=0;i<8;i++)
  {
    nit.setRow(0,i,ZJUNIT[i]);
  }
}
void setup(){                              //初始化
nit.shutdown(0,false);
nit.setIntensity(0,8);
nit.clearDisplay(0);
}


void loop(){
```

```
        byte N[8] = {0x00,0x00,0xE7,0x72,0x5A,0x46,0xE2,0x00};     //字符 N 的点
阵显示码
        byte I[8] = {0x00,0x00,0x7C,0x10,0x10,0x10,0x7C,0x00};     //字符 I 的点
阵显示码
        byte T[8] = {0x00,0x00,0xFE,0x10,0x10,0x10,0x38,0x00};     //字符 T 的点
阵显示码
        printByte(N);      //显示字符 N
        delay(1000);
        printByte(I);      //显示字符 I
        delay(1000);
        printByte(T);      //显示字符 T
        delay(1000);
    }
```

✓　硬件说明——Max7219 驱动芯片

Max7219 是一种集成化的串行输入/输出共阴极显示驱动器,它连接微处理器与 8 位数字的 7 段数字 LED 显示,也可以连接条线图显示器或者 64 个独立的 LED。工作电源电压:4～5.5 V,最大电源电流:330mA,最大功率耗散:1066mW,高电平输出电流:65 mA。它可应用于条线图显示、仪表面板、工业控制:LED 矩阵显示。其功能特点如下:

①10MHz 连续串行口。

②独立的 LED 段控制。

③数字的译码与非译码选择。

④150μA 的低功耗关闭模式。

⑤亮度的数字和模拟控制。

⑥高电压中断显示。

⑦共阴极 LED 显示驱动。

Max7219 芯片的管脚功能如下:

①引脚 1:DIN 串行数据输入端口。在时钟上升沿时数据被载入内部的 16 位寄存器。

②引脚 2,11,6,7,3,10,5,8:DIG 0～DIG7 八个数据驱动线,接点阵式 LED 的行线如图 3.33 所示。

③引脚 4,9:GND(必须同时接地)。

④引脚 12:LOAD (MAX7219) 载入数据。连续数据的后 16 位在 LOAD 端的上升沿时被锁定。

⑤引脚 13:CLK 时钟序列输入端。最大速率为 10MHz。在时钟的上升沿时,数据移入内部移位寄存器。下降沿时,数据从 DOUT 端输出。

⑥引脚 14～17,20～23:SEG 7 段和小数点驱动,为显示器提供电流。接点阵式 LED 的列线如图 3.34 所示。

⑦引脚 18:SET 通过一个电阻连接到 V_{CC} 来提高段电流。

⑧引脚 19:V＋ 正极电压输入,＋5V。

⑨引脚 24:DOUT 串行数据输出端口,从 DIN 输入的数据在 16.5 个时钟周期后在此端有效。当使用多个 MAX7219 时用此端方便扩展。

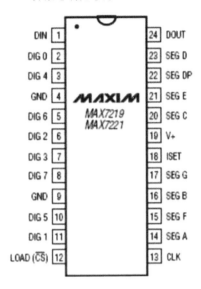

图 3.33　7219 芯片的引脚

图 3.34　8 * 8 点阵式 LED 硬件连接

思考题:如何实现数字 0~9 的动态显示?

3.4　LCD 显示

对于高端的洗衣机,显示内容不再局限于数字、字符,还包括中文等一些复杂字符,所以前面讲过的数码管、点阵式 LED 显示不能再满足要求了,可以采用液晶显示。液晶显示器有两种:一种是只能显示文字的,如 1602;另一种是既能显示图形又能显示文字的,如

12864。本节以 LCD1602 为例来讲解。

任务七　LCD 1602 显示时间

要实现液晶显示，所需的硬件电路由一块 Arduino 控制板、一块 LCD 1602 显示器、一个电阻元件构成，它们之间的电路连接原理如图 3.35 所示。液晶显示要显示文字，需要输入两种信息：一种是位置信息，即在哪个位置上显示文字；另一种是文字信息，即显示什么文字。

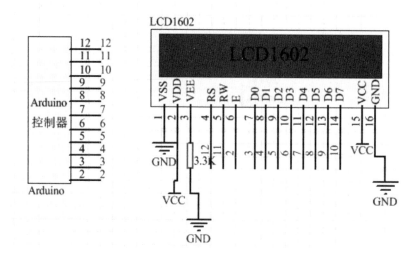

图 3.35　LCD 显示电路原理（八位数据传送模式）

∨　**参考程序**

```
int led=13;
#include <LiquidCrystal.h>
//液晶显示有两种数据传送模式(见这节后面),本程序采用八位数据传送模式
LiquidCrystal lcd(12, 11, 2,3, 4, 5, 6,7,8,9,10);
void setup() {
        // put your setup code here, to run once:
    pinMode(led,OUTPUT);
lcd.begin(16, 2);
}
void loop() {
    // put your main code here, to run repeatedly:
    int num=60;
    while(num)
    {
```

```
        //lcd.clear();
        lcd.setCursor(0,1);
        lcd.print(num));
        delay(1000);
        num——;
    if(num<=9)
    lcd.clear();
    }
    lcd.clear();
        digitalWrite(led,HIGH);
        delay(1000);
        digitalWrite(led,LOW);
        }
```

✓ 硬件说明

LCD1602 外观如图 3.36 所示,由 LCD 控制器、LCD 驱动器和 LCD 显示装置三部分构成如图 3.37 所示。其主要技术参数:核心为 HD44780 控制器,显示容量为 16×2 个字符,芯片工作电压为 $4.5\sim5.5\mathrm{V}$,工作电流为 $2.0\mathrm{mA}(5.0\mathrm{V})$,模块最佳工作电压为 $5.0\mathrm{V}$,字符尺寸为 $2.95\times4.35(\mathrm{W}\times\mathrm{H})\mathrm{mm}$。

图 3.36　LCD1602 硬件正反面

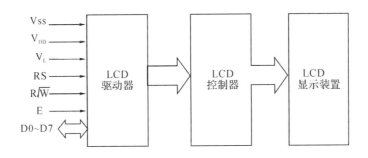

图 3.37　LCD1602 的内部结构

1602 液晶显示器有 16 个管脚,接口引脚定义如表 3.7 所示。

表 3.7 LCD1602 接口引脚定义

编号	符号	引脚说明	编号	符号	引脚说明
1	VSS	电源地	9	D2	Date I/O
2	VDD	电源正极	10	D3	Date I/O
3	VL	液晶显示偏压信号	11	D4	Date I/O
4	RS	数据/命令选择端(V/L)	12	D5	Date I/O
5	R/W	读/写选择端(H/L)	13	D6	Date I/O
6	E	使能信号	14	D7	Date I/O
7	D0	Date I/O	15	BLA	背光源正极
8	D1	Date I/O	16	BLK	背光源负极

✓ **接口说明**

①两组电源:一组是模块的电源,一组是背光板的电源,一般 5V 供电,3.3V 供电也可以工作。本次试验背光使用 5V 供电。

②VL:液晶显示的偏压信号,用来调节对比度的引脚,可接 10kΩ 的 3296 精密电位器来进行调节,如无也可用一般电位器替代,如图 3.38 所示。

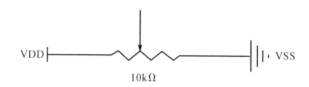

图 3.38 对比度调节电路

③RS:命令/数据选择引脚,接 Arduino 的一个 I/O,当 RS 为低电平时,选择命令;当 RS 为高电平时,选择数据。

④RW:读/写选择引脚,接 Arduino 的一个 I/O,当 RW 为低电平时,向 LCD1602 写入命令或数据;当 RW 为高电平时,从 LCD1602 读取状态或数据。如果不需要进行读取操作,可以直接将其接 VSS。

⑤E:执行命令的使能引脚,接 Arduino 的一个 I/O。

⑥D0-D7 为双向并行数据输入/输出引脚,用来传送命令和数据。

⑦BLA:背光源正极,可接一个 10~47Ω 的限流电阻到 VDD。

⑧BLK:背光源负极,接 VSS。

液晶显示器要能在显示屏上正确显示内容,有以下四种基本操作(见表 3.8)。

表 3.8 LCD1602 的基本操作

读状态	确认	RS=L, R/W=H, E=H	输出	D0~D7=状态字
写指令	确认	RS=L, R/W=L, D0~D7=指令码, E=高脉冲	输出	无
读数据	输入	RS=H, R/W=H, E=H	输出	D0~D7=数据
写数据	输入	RS=H, R/W=L, D0~D7=数据, E=高脉冲	输出	无

说明:高脉冲——下降沿;低脉冲——上升沿。要对 LCD1602 深入了解,可参考相关资料

LCD1602 液晶有专门的函数库,即 LiquidCrystal,在 http://arduino.cc/en/Tutorial/HomePage 网页中可以找到。LiquidCrystal 函数库针对 1602 液晶的数据传送有两种模式:一种是 8bit 模式;另一种是 4bit 模式。8bit 的传送速度快,是因为显示的字符是 ASCII 码,ASCII 码由 8 位二进制数组成,所以 8bit 刚好一次就把字符的二进制码一次传完;而 4bit 则需要将字符拆成两半,一次只传送 4bit,两倍时间才可以把数据传完。而 4bit 模式的好处是需要的数据引脚少了一半,方便硬件连线。8bit 模式需要 D0～D7 引脚,4bit 只需要后 D4～D7 引脚。不管是哪种模式控制引脚都有三个,分别是:RS、R/W、E。

4bit 模式的 LiquidCrystal 申明函数为:LiquidCrystal(RS,R/W,E,D4,D5,D6,D7);

8bit 模式的 LiquidCrystal 申明函数为:LiquidCrystal(RS,R/W,E,D0,D1,D2,D3,D4,D5,D6,D7)。

Arduino UNO 与 LCD 1602 的连接如图 3.39 所示。

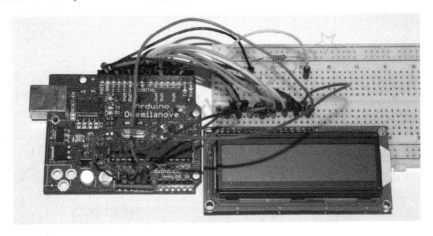

图 3.39　Arduino UNO 与 LCD1602 的连接

✓　**语言说明——如何加入库及调用(见图 3.40)**

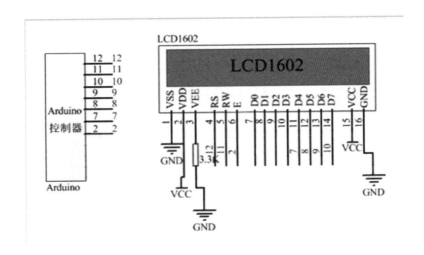

图 3.40　LCD 显示电路原理(四位数据传送模式)

```
#include< LiquidCrystal.h>   //申明 1602 液晶的函数库
//申明 1602 液晶的 11 个引脚所连接的 Arduino 的数字端口
//四位数据传送模式,硬件电路原理见图 3.41
LiquidCrystal lcd(12,11,2,7,8,9,10);
void setup( )
//初始化 1602 液晶工作模式,定义 1602 液晶显示范围为 2 行 16 列字符
lcd.begin(16,2);
lcd.setCursor(0,0);   //把光标定位在第 0 行,第 0 列
lcd.print("hello world");   //显示
lcd.setCursor(0,1);   //把光标定位在第 1 行,第 0 列
lcd.print("Arduino is fun"); //显示
}void loop()
{ }
```

在 Arduino 开发中,虽然有丰富的库资源,但也不可能包含所有的库资源,因而有时为了缩短开发时间和提高效率,需添加更多的第三方库(非 Arduino 自带的库),下面就用两种方法介绍添加或加载非 Arduino 自带的库的方法及步骤。

第一种方法——以压缩文件的方法,这里要求用 ZIP 压缩格式

(1)双击打开 Arduino 软件,如图 3.41 所示,选择项目选项。

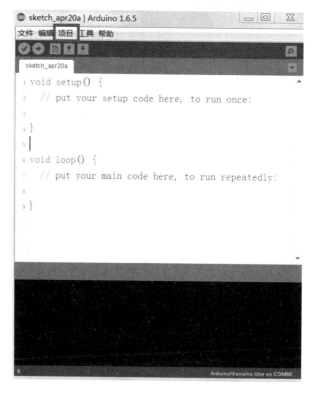

图 3.41　选择菜单中的项目选项

（2）选择项目下的 include Library——单击 Add. ZIP Library...，如图 3.42 所示

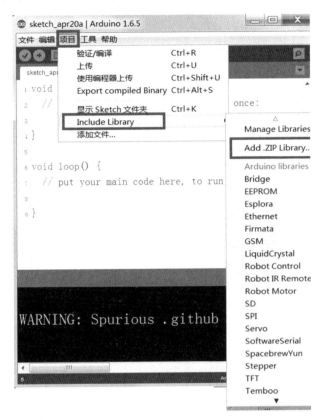

图 3.42　选择下拉菜单中的 Add. ZIP Library…

（3）选择要添加库文件的压缩文件（这一步之前应下载好第三方库的压缩文件），单击打开，如图 3.43 所示。

图 3.43　添加压缩的库文件

（4）库文件成功加载后，在 Arduino IDE 上会显示出库文件加载成功，如图 3.44 所示。

图 3.44　库成功加载的信息

（5）成功添加后，无须重启 Arduino 软件，就可以在项目－Include library 中找到刚刚加载的库文件，如图 3.45 所示。

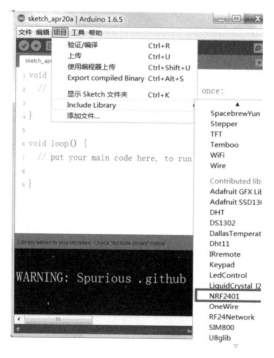

图 3.45　查看加载好的库文件

第两种方法——非压缩文件方式

(1)先下载好第三方库的压缩文件,然后直接解压,解压缩到相应的文件夹即可。

(2)将解压的库文件夹放到 Arduino 安装目录下的 libraries 文件夹下,如图 3.46 所示。

(3)成功添加后,无须重启 Arduino 软件,就可以在项目－Include library 中找到刚刚加载的库文件。

在没有硬件的条件下,为更好地理解 LCD 显示原理,设计了基于 Proteus 的仿真电路(见图 3.47),在这个仿真电路中用到两种元器件:一种是控制芯片元件,其关键词为 328p;另一种是 LCD 元器件,其关键词为 LM016。读者可参考本教材中给的参考程序,在仿真硬件电路中实现 LCD 的显示控制。

图 3.46　添加解压缩好的库文件

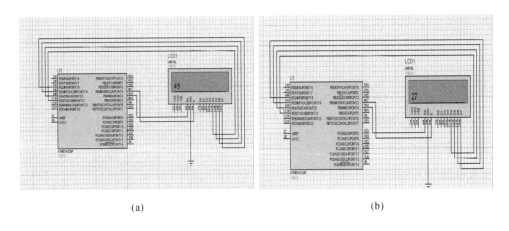

(a)　　　　　　　　　　　　　　　　(b)

图 3.47　LCD1602 四位模式仿真电路

思考题:(1) 如何用 Arduino 的硬件定时器来实现时间的变化?

(2) 如何在 12864 显示器中用图形方式来显示剩余时间?

第4章 信号采集和检测模块

4.1 开关量信号检测

在洗衣机控制器中,智能洗衣机需对洗衣机盖的打开和关闭进行检测,因为只有在洗衣机盖关闭的情况下才能进行洗衣。这时需要通过单片机去检测洗衣机盖的状态信息,根据它的状态来决定是否启动。

任务八 洗衣机盖状态检测

目前国家要求家用洗衣机只有在门关上的情况才能正常工作,因而必须对洗衣机门的状态进行检测。要实现洗衣机门状态检测,所需的硬件电路由一块 Arduino 控制板、一个发光二极管、一个按键、若干电阻元件构成,它们之间的电路连接原理如图 4.1 所示。Arduino 控制板首先通过 0 引脚检测按钮是否按下,如果按下就从 8 引脚输出高电平点亮发光二极管;如果没有按下就不点亮发光二极管。

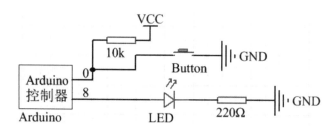

图 4.1 开关控制电路原理

∨ **参考程序**

```
int ledPin=8;
void setup() {
pinMode(8,OUTPUT);        //引脚 8 为输出模式
pinMode(0,INPUT);         //引脚 0 为输入模式
}
void loop() {
```

```
int n＝digitalRead(0);
if(n＝＝HIGH)
{ delay(10);           //消抖
  if(digitalRead(0)＝＝HIGH);
  digitalWrite(ledPin,LOW);// put your main code here, to run repeatedly:
  delay(7);
}
if(n＝＝LOW)
{
  delay(10);           //消抖
  if(digitalRead(0)＝＝LOW);
  digitalWrite(ledPin,HIGH);// put your main code here, to run repeatedly:
  delay(7);
}}
```

∨　**程序说明**

　　首先读取开关的输入信号,由于开关输入的信号有抖动的特点(不管是按下还是抬起都会引起接触电阻的变化,所以会引起电压的变化),因而延时一段时间后将再次读取输入信号,如果信号相同说明信号有效,如不同则重复以上过程。一般按键的抖动时间为50～100ms。

∨　**硬件说明——开关及开关量输入**

　　一般情况下,洗衣机门的不同状态给 Arduino 控制板不同的电信号,判断洗衣机盖是开还是关采用开关状态来实现。按照工作方式,开关一般分为拨码式、旋钮式和按钮式等,如图 4.2 所示,其对应的电路符号如图 4.3 所示。

图 4.2　开关实物

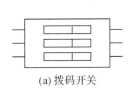

　　(a)拨码开关　　　　　　　　　　(b)旋转开关　　　　　　　　　(c)按钮开关

图 4.3　开关电路符号

由于开关或按钮由开到关,或由关到开(见图 4.4)都会引起接触电阻变化,因而会使得输出电压变化(即按键抖动)。如果在抖动期间去读取相关的信息,则读取的信息是不准确的。如何避免这种情况呢?工程上有两种解决方法:一种是硬件法,有三种去抖硬件电路(见图 4.5);另一种为软件法,由于按键抖动的时间一般为 5~10ms,为避免抖动对信号的影响,应在抖动后去读取,因而通过延时来实现,延时时长为 10ms。硬件法是不占用 CPU时间,执行速度快;软件法是占用 CPU 时间,执行速度慢。

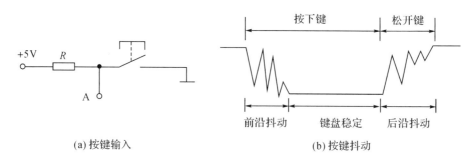

(a) 按键输入　　　　　　　　　　(b) 按键抖动

图 4.4　开关的电路连接及特点

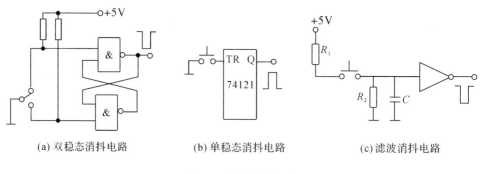

(a) 双稳态消抖电路　　　(b) 单稳态消抖电路　　　(c) 滤波消抖电路

图 4.5　硬件去抖电路

✓ **语言说明**

```
选择结构——if 语句
一般格式如下:
    if(表达式)
        语句 1;
    else
        语句 2;
```

上述结构表示:如果表达式的值为非 0(Ture)即真,则执行语句 1,执行完语句 1 从语句 2 后开始继续向下执行;如果表达式的值为 0(False)即假,则跳过语句 1 而执行语句 2。表达式通常是关系表达式或逻辑表达式,也可为整数。

注意:

(1)条件执行语句中"else 语句 2;"部分是选择项,可以缺省,此时条件语句变成:

```
if(表达式)　语句 1;
```

表示若表达式的值为非 0 则执行语句 1,否则跳过语句 1 继续执行。

　　(2)如果语句 1 或语句 2 有多于一条语句要执行时,必须使用"{"和"}"把这些语句包括在其中,此时条件语句形式为:

```
if(表达式)
{
  语句体 1;
}
else
{
  语句体 2;
}
```

　　(3)可用阶梯式 if-else-if 结构。

阶梯式结构的一般形式为:

```
if(表达式 1)
  语句 1;
else if(表达式 2)
  语句 2;
else if(表达式 3)
  语句 3;
  ……
else
  语句 n;
```

　　阶梯式结构是从上到下逐个对条件进行判断,一旦发现条件满足就执行与它有关的语句,并跳过其他剩余阶梯;若没有一个条件满足,则执行最后一个 else 语句 n。最后这个 else 常起着"缺省条件"的作用。同样,如果每一个条件中有多于一条语句要执行时,必须使用"{"和"}"把这些语句包括在其中。

　　在没有硬件的条件下,为更好地理解开关控制原理,设计了基于 Proteus 的仿真电路(见图 4.6),在这个仿真电路中用到四种元件:一种是控制芯片元件,其关键词为 328p;一种是电阻元器件,其关键词为 res;一种是发光二极管,其关键词为 led;最后一种是开关元件,其关键词为 switch。读者可参考本教材中给的参考程序,在仿真硬件电路中开关对发光二极管的控制。

　　在洗衣之前,一般要根据衣服的多少来决定水量的多少,那么控制器该如何来实现呢?

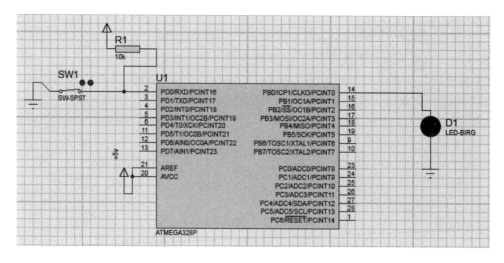

图 4.6   开关控制仿真

4.2   模拟信号检测

任务九   洗衣机水位检测

要实现水位控制,所需的硬件电路由一块 Arduino 控制板、一块四位一体数码管、若干个电阻元件、一个滑变电阻元件构成,它们之间的电路连接原理如图 4.7 所示。可以通过滑变电阻的阻值变化引起控制板 A0 口的输入变化来模拟洗衣机的水位变化,其动态显示原理与二位一体数码光的显示原理一样。

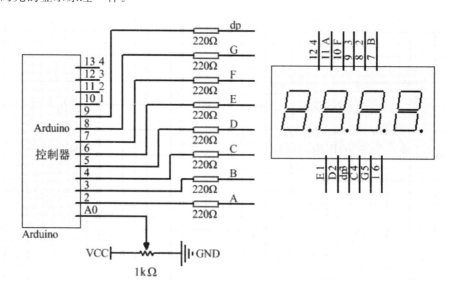

图 4.7   水位检测电路原理

```
//四位一体的 LED 是共阴极
#define SEG_A 7
#define SEG_B 6
#define SEG_C 5
#define SEG_D 11
#define SEG_E 10
#define SEG_F 8
#define SEG_G 9
#define SEG_H 4
#define COM1 2
#define COM2 3
#define COM3 12
#defien COM4 13
                               //数字 0—9 的共阴字型码
unsigned char table[10][8]=
{{0,0,1,1,1,1,1,1},{0,0,0,0,0,1,1,0},{0,1,0,1,1,0,1,1},{0,1,0,0,1,1,1,
1},{0,1,1,0,0,1,1,0},
  {0,1,1,0,1,1,0,1},{0,1,1,1,1,1,0,1},{0,0,0,0,0,1,1,1},{0,1,1,1,1,1,1,1},
{0,1,1,0,1,1,1,1}  };
void Display(unsigned char COM,unsigned char num)
{                                       //首先去除余晖即全灭
  digitalWrite(SEG_A,HIGH);
  digitalWrite(SEG_B,HIGH);
  digitalWrite(SEG_C,HIGH);
  digitalWrite(SEG_D,HIGH);
  digitalWrite(SEG_E,HIGH);
  digitalWrite(SEG_F,HIGH);
  digitalWrite(SEG_G,HIGH);
  digitalWrite(SEG_H,HIGH);

  switch(COM)                //选字位——显示位置
  {
    case 1:
    digitalWrite(COM1,HIGH);
    digitalWrite(COM2,LOW);
    digitalWrite(COM3,LOW);
    digitalWrite(COM4,LOW);
```

```
        break;

    case 2:
    digitalWrite(COM1,LOW);
    digitalWrite(COM2,HIGH);
    digitalWrite(COM3,LOW);
    digitalWrite(COM4,LOW);
    break;

    case 3:
    digitalWrite(COM1,LOW);
    digitalWrite(COM2,LOW);
    digitalWrite(COM3,HIGH);
    digitalWrite(COM4,LOW);
    break;

    case 4:
    digitalWrite(COM1,LOW);
    digitalWrite(COM2,LOW);
    digitalWrite(COM3,LOW);
    digitalWrite(COM4,HIGH);
    break;

    default:break;
    }
    digitalWrite(SEG_A,table[num][7]);
    digitalWrite(SEG_B,table[num][6]);
    digitalWrite(SEG_C,table[num][5]);
    digitalWrite(SEG_D,table[num][4]);
    digitalWrite(SEG_E,table[num][3]);
    digitalWrite(SEG_F,table[num][2]);
    digitalWrite(SEG_G,table[num][1]);
    digitalWrite(SEG_H,table[num][0]);
}

void setup() {
    // put your setup code here, to run once:
    pinMode(SEG_A,OUTPUT);
```

```
    pinMode(SEG_B,OUTPUT);
    pinMode(SEG_C,OUTPUT);
    pinMode(SEG_D,OUTPUT);
    pinMode(SEG_E,OUTPUT);
    pinMode(SEG_F,OUTPUT);
    pinMode(SEG_G,OUTPUT);
    pinMode(SEG_H,OUTPUT);

    pinMode(COM1,OUTPUT);
    pinMode(COM2,OUTPUT);
    pinMode(COM3,OUTPUT);
    pinMode(COM4,OUTPUT);
    pinMode(A0,INPUT);
    Serial.begin(9600);
}


void loop() {
  // put your main code here, to run repeatedly:
int j=0;
int val,highled,lowled,val1,val2,val3,val4;
double volt;
while(1)
{
val=analogRead(A0);          //读取 A0 口的模拟值,转换好数字量存放 val 变量中
volt=(val * 5.0)/1023.0;          //转换成对应的模拟量
val1=volt;                        //把小数部分去掉,赋值给 val1 整数部分
val2=(volt * 10-val1) * 10;       //第一位小数
val3=(volt * 100-val1 * 10-val2) * 10; //第二位小数
val4=(volt * 1000-val1 * 100-val2 * 10-val3) * 10;   //第三位小数

for(j=0;j<30;j++)                 //显 示
  {
    //digitalWrite(SEG_H,LOW);
    Display(1,val1);
    digitalWrite(SEG_H,HIGH);     //显示小数点
    delay(10);
```

```
Display(2,val2);
    digitalWrite(SEG_H,LOW);        //关闭小数点
    delay(10);

    Display(3,val3);
    digitalWrite(SEG_H,LOW);
    delay(10);

    Display(4,val4);
    digitalWrite(SEG_H,LOW);
    delay(10);
  }
 }
}
```

√ **硬件说明**

　　动态显示是一位一位地轮流点亮各位数码管,这种逐位点亮显示器的方式称为位扫描。各位数码管的段选线相应并联在一起(见图 4.8),由一个 8 位的 I/O 口控制;其余的位选线(公共阴极或阳极)由另外的 I/O 口线控制。

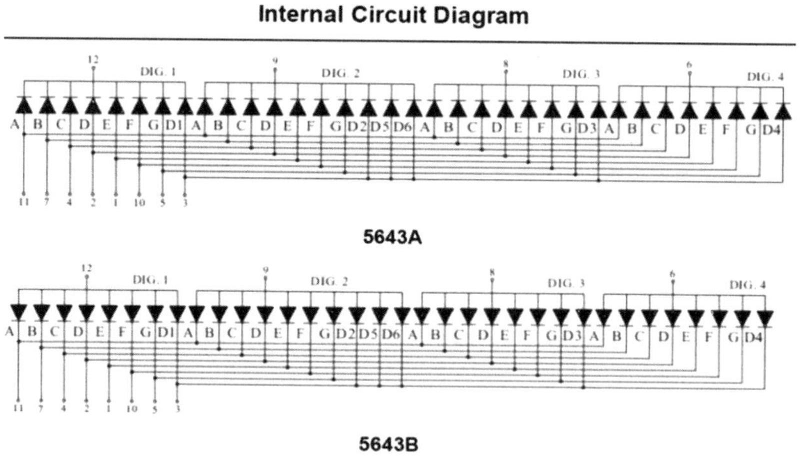

Internal Circuit Diagram

5643A

5643B

图 4.8　4 位 LED 内部结构(上图为共阴极,下图为共阳极)

　　位选码:主要针对多位 LED 显示的问题,由于是动态显示,所以在哪个数码管上显示由其决定。对于 4 位 LED 数码管的字选端为 6、8、9、12 管脚,字位端是给高电平还是给低电平,根据 4 位 LED 数码管是共阴极还是共阳极:共阴极输入低电平选中对应的位置来显示,共阳极输入高电平选中对应的位置来显示。

字型码:通常把控制发光二极管的 8 位二进制数称为字型码,又称段选码。引脚与段码对应的关系如表 4.1 所示,各段码与数据位的对应关系见两位 LED 显示部分。

表 4.1　各段码与数据位的对应关系

管脚	3	11	7	4	2	1	10	5
段码	小数点	a 段	b 段	c 段	d 段	e 段	f 段	g 段

四位一体的数码管的引脚分布:小数点朝下正放在面前时,左下角为 1,其他管脚顺序为逆时针旋转。左上角为最大的 12 号管脚。6、8、9、12 为字选端(见图 4.9)。

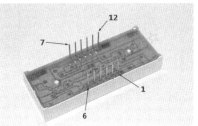

图 4.9　4 位 LED 器件正反面

✓ **语言说明**

unsigned char table[10][8]——定义无符号字符型二维数组,参考第 3 章任务四

switch-case——选择分支语句,参考第 3 章任务五

void Display(unsigned char COM,unsigned char num)——自定义函数,参考第 3 章任务四

在没有硬件的条件下,为更好地理解水位检测原理,设计了基于 Proteus 的仿真电路(见图 4.10),在这个仿真电路中用到三种元器件:一种是控制芯片元件,其关键词为 328p;一种是四位一体数码管,其关键词为 7seg;最后一种是可变电阻元件,其关键词为 pt－hg。读者可参考本教材中给的参考程序,在仿真硬件电路中实现水位检测及显示。

思考题:如何通过超声波来进行测距?

4.3　数字量信号检测

对于高档洗衣机,为了提高洗衣粉或洗涤剂的洗衣效果,通常在洗衣之前检测水温,判断是不是最佳水温。

任务十　温湿度传感器检测

要实现温湿度检测,所需的硬件电路由一块 Arduino 控制板、一块二位一体数码管、若干个电阻元件、一个 SHT11 温湿度传感器、一个按键等构成,它们之间的电路连接原理如图 4.11 所示。通过控制板的模拟引脚来模拟 I²C 总线,从而读取 SHT11 的温湿度数据,然后在二位一体数码管上显示。

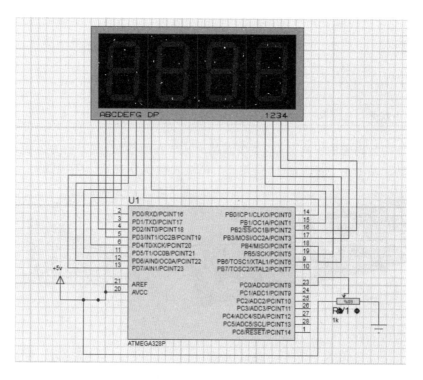

图 4.10　水位检测仿真电路

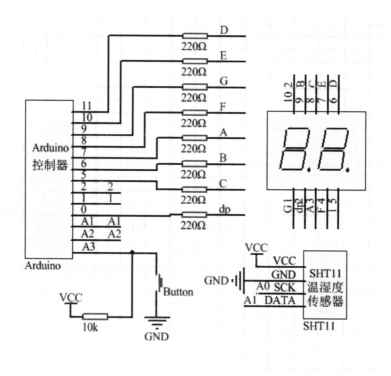

图 4.11　温湿度检测电路原理

参考程序

```
int a＝7;
int b＝6;
int c＝5;
int d＝11;
int e＝10;
int f＝8;
int g＝9;
int dp＝4;
//设置阴极接口(控制1、2数码管的亮与灭)
int d1 = 1;
int d2 = 2;
int del = 50;  //此数值可用于对时钟进行微调
# include <SHT1x.h>

// 定义 SHT1x 连接引脚
#define dataPin   A1
#define clockPin  A0

// 初始化 sht1x
SHT1x sht1x(dataPin, clockPin);

void zero(void)          //显示数字 0
{
    digitalWrite(g,HIGH);
digitalWrite(a,LOW);
digitalWrite(b,LOW);
digitalWrite(c,LOW);
digitalWrite(d,LOW);
digitalWrite(e,LOW);
digitalWrite(f,LOW);
digitalWrite(dp,HIGH);
}

void one(void)           //显示数字 1
{
  unsigned char j;
```

```
    digitalWrite(c,LOW);      //给数字 5 引脚低电平,点亮 c 段
    digitalWrite(b,LOW);      //点亮 b 段
    for(j=7;j<=11;j++)        //熄灭其余段
      digitalWrite(j,HIGH);
    digitalWrite(dp,HIGH);    //熄灭小数点 dp 段
  }
  void two(void)              //显示数字 2
  {
    unsigned char j;
    digitalWrite(b,LOW);
    digitalWrite(a,LOW);
    for(j=9;j<=11;j++)
      digitalWrite(j,LOW);
    digitalWrite(dp,HIGH);
    digitalWrite(c,HIGH);
    digitalWrite(f,HIGH);
  }
  void three(void)            //显示数字 3
  {
    unsigned char j;
    digitalWrite(g,LOW);
    digitalWrite(d,LOW);
    for(j=5;j<=7;j++)
      digitalWrite(j,LOW);
    digitalWrite(dp,HIGH);
    digitalWrite(f,HIGH);
    digitalWrite(e,HIGH);
  }
  void four(void)             //显示数字 4
  {
    digitalWrite(c,LOW);
    digitalWrite(b,LOW);
    digitalWrite(f,LOW);
    digitalWrite(g,LOW);
    digitalWrite(dp,LOW);
    digitalWrite(a,HIGH);
    digitalWrite(e,HIGH);
```

```
    digitalWrite(d,HIGH);
}


void five(void)          //显示数字 5
{
    unsigned char j;
    for(j=7;j<=9;j++)
      digitalWrite(j,0);
    digitalWrite(c,0);
    digitalWrite(d,0);
    digitalWrite(dp,0);
    digitalWrite(b,1);
    digitalWrite(e,1);
}


void six(void)           //显示数字 6
{
    unsigned char j;
    for(j=7;j<=11;j++)
      digitalWrite(j,0);
    digitalWrite(c,0);
    digitalWrite(dp,1);
    digitalWrite(b,1);
}


void seven(void)         //显示数字 7
{
    unsigned char j;
    for(j=5;j<=7;j++)
      digitalWrite(j,0);
    digitalWrite(dp,1);
    for(j=8;j<=11;j++)
      digitalWrite(j,1);
}
void eight(void)         //显示数字 8
{
    unsigned char j;
```

```
      for(j=5;j<=11;j++)
        digitalWrite(j,0);
      digitalWrite(dp,1);
  }
  void nine(void)          //显示数字9
  {
    unsigned char j;
    for(j=5;j<=9;j++)
      digitalWrite(j,0);
    digitalWrite(dp,1);
      digitalWrite(d,0);
        digitalWrite(e,1);
    }
  void pickNumber(int x)   //定义 pickNumber(x),其作用是显示数字 x
  {
    switch(x)
    {
    default:
      zero();
      break;
  case 1:
      one();
      break;
  case 2:
      two();
      break;
  case 3:
      three();
      break;
  case 4:
      four();
      break;
  case 5:
      five();
      break;
  case 6:
      six();
      break;
```

```
case 7:
    seven();
    break;
case 8:
    eight();
    break;
case 9:
    nine();
    break;
    }
}
void pickdigit(int x)    //定义 pickDigit(x),其作用是开启 dx 端口,即选显示位
{
  digitalWrite(d1, LOW);
  digitalWrite(d2, LOW);

  if(x==1)
{
  digitalWrite(d1, HIGH);
}
else if(x==2)
{
  digitalWrite(d2, HIGH);
  }
}
void setup() {
  pinMode(d1, OUTPUT);
  pinMode(d2, OUTPUT);
  pinMode(a, OUTPUT);
  pinMode(b, OUTPUT);
  pinMode(c, OUTPUT);
  pinMode(d, OUTPUT);
  pinMode(e, OUTPUT);
  pinMode(f, OUTPUT);
  pinMode(g, OUTPUT);
  pinMode(dp, OUTPUT);
  pinMode(A2,INPUT);
```

```
    Serial.begin(9600);

}
void loop()
{
  float temp_c, humidity;

  temp_c = sht1x.readTemperatureC();  // 读取 SHT1x 温度值

  humidity = sht1x.readHumidity();    // 读取 SHT1x 湿度值
  int n=digitalRead(0);
if(n==HIGH)
{
delay(10);
if(digitalRead(0)==HIGH);
{
if(temp_c>=10)
{
  int val1=temp_c/10;
  int val2=(temp_c-val1 * 10)/1;
    pickdigit(2);
    pickNumber(val2);
  delay(1);
  pickdigit(1);
  pickNumber(val1);
  delay(1);
}
else
{
  int val3=temp_c/1;
  int val4=(temp_c-val3) * 10.0/1;
  pickdigit(2);
      pickNumber(val4);
    delay(1);
    pickdigit(1);
    pickNumber(val3);
    digitalWrite(dp,LOW);
```

```
      delay(1);
    }
  }
}
if(n==LOW)
{
delay(5);
if(digitalRead(0)==LOW);
  {
    if( humidity>=10)
  {
    int val5= humidity/10;
    int val6=( humidity-val5 * 10)/1;

      pickdigit(2);
      pickNumber(val6);
    delay(1);
    pickdigit(1);
    pickNumber(val5);
    delay(1);
}
else
{
  int val7= humidity/1;
  int val8=( humidity-val7) * 10.0/1;
  pickdigit(2);
      pickNumber(val8);
    delay(1);
    pickdigit(1);
    pickNumber(val7);
    digitalWrite(dp,LOW);
    delay(1);
  }
  }
}
}
```

✓ 硬件说明

(1)SHT1X 温湿度传感器

传感器是温湿度测量与控制系统的首要环节,它的测量精度、分辨率、稳定性等性能的好坏直接关系到后续的测量结果。而在传统的温湿度测量和控制系统中,普遍采用的是模拟式传感器,尤其是湿度传感器,主要是在玻璃或者陶瓷基片上涂不干湿机能材料,根据电阻和电容的变化来反映湿度和温度的变化。输出的模拟信号必须经过 A/D 转换才可以输入微处理器进行处理。所以,模拟式传感器自身的测量精度和分辨率都受到一定的限制,通常只有 1％ 左右。另外,模数转换系统的精度也不可能很高。采用直接数字量输出的传感器可以避免上述问题。

SHT1X 是一款单片全校准数字输出相对湿度和温度传感器,它采用了特有的工业化的 CMOSens 技术,保证了极高的可靠性和卓越的长期稳定性。整个芯片包括校准的相对湿度和温度传感器,它们与一个 14 位的 A/D 转换器相连。SHT1X 可检测 0～100％ 相对湿度范围和 -40～+123.8℃温度范围。其湿度测量精度为 ±1.8％RH,温度测量精度为 ±0.4℃,还具有一个 I^2C 总线串行接口电路,简化了系统结构。每一个传感器都是在极为精确的湿度室中进行校准的,校准系数预先存在传感器 OTP 内存中。其克服了传统温湿度传感器长期稳定性差、互换性差、电路设计复杂、校准和标定复杂、湿度受温度影响大等缺点,且可采用多个传感器组成网络检测点,对环境进行多点巡回检测,还可以精确地测定露点,不会因为温湿度之间的温度差而引入误差。

(2)SHT1X 的内部结构及工作原理

SHT1X 的湿度检测运用电容式结构,并采用具有不同保护的"微型结构"检测电极系统与聚合物覆盖层来组成传感器芯片的电容,除保持电容式湿敏器件的原有特性外,还可抵御来自外界的影响。由于它将温度传感器与湿度传感器结合在一起构成了一个单一的个体,因而测量精度较高且可精确地得出露点。同时,不会产生由于温度与湿度传感器之间随温度梯度变化引起的误差。SHT1X 传感器的内部结构框图如图 4.12 所示。

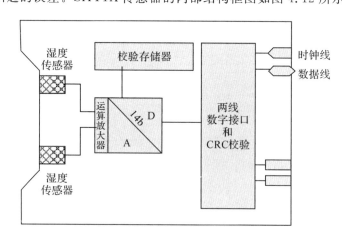

图 4.12　SHT1X 内部结构

由于将传感器与电路部分结合在一起,因此该传感器具有比其他类型的温湿度传感器优越得多的性能:一是传感器信号强度的增加增强了传感器的抗干扰性能,保证了传感器的长期稳定性,而 A/D 转换的同时完成则降低了传感器对干扰噪声的敏感程度;二是在传感器芯片内装载的校准数据保证了每一只湿度传感器都具有相同的功能,即具有 100% 的互换性;三是传感器可直接通过 I^2C 总线与任何类型的微处理器、微控制器系统连接,从而减少了接口电路的硬件成本,简化了接口方式。

SHT1X 的指令也非常简单,共有五条,其他为预留指令,如表 4.2 所示。

表 4.2　SHT1X 指令集

命令	代码
温度测量	00011
湿度测量	00101
读状态寄存器	00111
写状态寄存器	00110
软复位,复位接口,清空状态寄存器下一次命令前要等至少 11ms	11110
预留	0000x
预留	0101x—1110x

(3)SHT1X 的接口电路

SHT1X 的封装形式为小体积 4 脚单线封装,其引脚说明如表 4.3 所示。

表 4.3　SHT1X 引脚说明

引脚	名称	注释
1	SCK	串行时钟,输入
2	VDD	供电 2.4~5.5V
3	GND	地
4	DATA	串行数据,双向

传感器通过串行数字通信接口(SCK 和 DATA)可与任何种类微处理器、微控制器系统连接,减少了传感器接口开发时间,降低了硬件成本。SHT1X 传感器与单片机的接口电路如图 4.13 所示。

SHT1X 传感器上电后要等待 11ms 以越过"休眠"状态。在此期间无须发送任何指令。电源引脚(VDD,GND)之间可增加一个 100nF 的电容,用以滤波。SHT1X 的串行接口,在传感器信号的读取及电源损耗方面都做了优化处理;SCK 用于单片机与 SHT1X 之间的通信同步,由于接口包含了完全静态逻辑,因此不存在最小 SCK 频率;DATA 三态门用于数据的读取。DATA 在 SCK 时钟下降沿之后改变状态,并仅在 SCK 时钟上升沿有效。数据传输期间,在 SCK 时钟高电平时,DATA 必须保持稳定。为避免信号冲突,单片机应驱动 DATA 在低电平。一般需要一个外部的上拉电阻(如 10 kΩ)将信号提拉至高电平。

(4)测量数据处理

为了将 SHT1X 输出的数字量转换成实际物理量需进行相应的数据处理。由图 4.14 相对湿度数字输出特性曲线可看出 SHT1X 的相对湿度输出特性呈一定的非线性。本系统采用软件的方法对这种非线性度进行补偿以获取准确数据,可使用如下的公式修正读数:

$$RH_{linear} = c_1 + c_2 \times SO_{RH} + c_3 \times SO_{RH}^2 \tag{4-1}$$

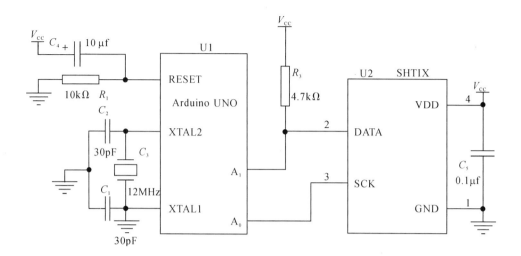

图 4.13 SHT1X 与单片机的接口电路

式中:SO_{RH} 为传感器相对湿度测量值,其系数取值如表 4.4 所示。

表 4.4 SHT1X 湿度转换系数

$SO_{RH/bit}$	c_1	c_2	c_3
12bit	-4	0.0405	-2.8×10^{-6}
8bit	-4	0.648	-7.2×10^{-4}

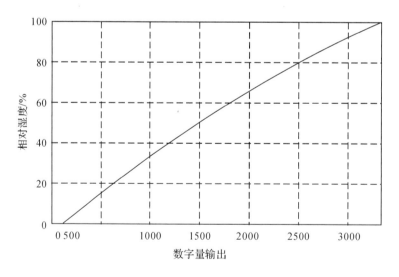

图 4.14 SHT1X 相对湿度数字量输出的特性曲线

式(4-1)是按环境温度为 25℃进行计算的,而实际的测量温度则在一定范围内变化。所以,应考虑湿度传感器的温度系数,其按如下公式对环境温度进行补偿:

$$RH_{true}=(T-25)\times(t_1+t_2\times SO_{RH})+RH_{linear} \tag{4-2}$$

式中:T 为实际温度值,其系数取值如表 4.5 所示。

表 4.5 温度补偿系数

SO_{RH}	t_1	t_2
12bit	0.01	0.00008
8bit	0.01	0.00128

由设计决定的 SHT1X 温度传感器的线性非常好,故可用下列公式将温度数字输出转换成实际温度值,当电源电压为 5V 时,有:

$$\text{Temperature} = d_1 + d_2 \times SO_T \tag{4-3}$$

其中,SOT 为传感器温度测量值。当温度传感器的分辨率为 14 位时,$d_1 = -40$,$d_2 = 0.01$;当温度传感器的分辨率为 12 位时,$d_1 = -40$,$d_2 = 0.04$。

被测环境空气的露点值可根据相对湿度和温度值由下列公式计算:

$$DP = [(0.66077 - \log EW) \times 237.3]/[\log EW - 8.16077] \tag{4-4}$$

其中,$\log EW = (0.66077 + 7.5 \times T)/(237.3 + T) + [\log 10RH - 2]$

SHT1X 初始化主要是启动传输初始化。启动传输时,应发出"传输开始"命令,命令包括 SCK 为高时,DATA 由高电平变为低电平,并在下一个 SCK 为高时将 DATA 升高,时序如图 4.15 所示。后一个命令顺序包含三个地址位(目前只支持"000")和 5 个命令位,SHT1X 会以下述方式表示已正确地接收到指令:在第 8 个 SCK 时钟的下降沿之后,将 DATA 下拉为低电平(ACK 位);在第 9 个 SCK 时钟的下降沿之后,释放 DATA(恢复高电平)。

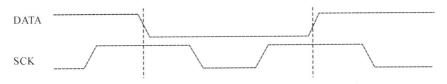

图 4.15 "启动传输"时序

✓ **程序说明——SHT1X 的温湿度采集**

SHT1X 传感器共有 5 条用户指令,具体指令格式见表 4.2。下面介绍具体的命令顺序及命令时序。

(1)启动传输指令。在 SHT1X 初始化中已作详细介绍,这里不再重复说明。

(2)连接复位时序。如果与 SHT1X 传感器的通信中断,下列信号顺序会使串口复位:当使 DATA 线处于高电平时,触发 SCK 9 次以上(含 9 次),并随后发一个前述的"启动传输"命令。复位时序如图 4.16 所示。

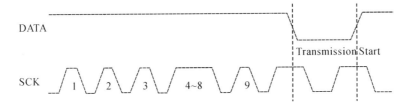

图 4.16 复位时序

（3）温湿度测量时序。当发出了温湿度测量命令（"00000101"表示相对湿度 RH，"00000011"表示温度 T）后，控制器就要等到测量完成。使用 8/12/14 位的分辨率测量分别需要大约 10/11/55 毫秒。为表明测量完成，SHT1X 会将数据线 DATA 下拉至低电平。此时控制器必须重新启动 SCK，然后传送两字节测量数据与 I 字节 CRC 校验和。控制器必须通过使 DATA 为低来确认每一字节，所有的量中从右算 MSB 列于第一位。通信在确认 CRC 数据位后停止。如果没有用 CRC-8 校验和，则控制器就会在测量数据 LSB 后，保持 ACK 为高电平来停止通信，SHT1X 在测量和通信完成之后会自动返回睡眠模式。测试时序如图 4.17 所示。需要注意的是，为使 SHT1X 自身升温低于 0.1℃，此时工作频率不能大于 15%（12 位精确度时，每秒最多进行 2 次测量）。

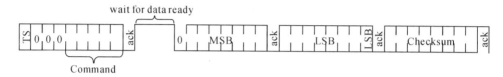

图 4.17　测量时序

SHT1X 数据采集流程如图 4.18 所示。

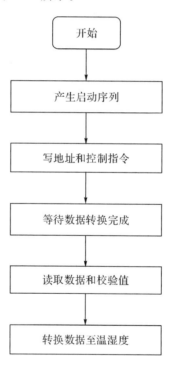

图 4.18　SHT1X 数据采集流程

在没有硬件的条件下，为更好地理解温湿度检测原理，设计了基于 Proteus 的仿真电路（见图 4.19），在这个仿真电路中用到五种元器件：一种是控制芯片元件，其关键词为 328p；一种是二位一体数码管，其关键词为 7seg；一种是电阻元件，其关键词为 res；一种是开关元件，其关键词为 switch；最后一种是温湿度传感器元件，其关键词为 SHT11。读者可参考本

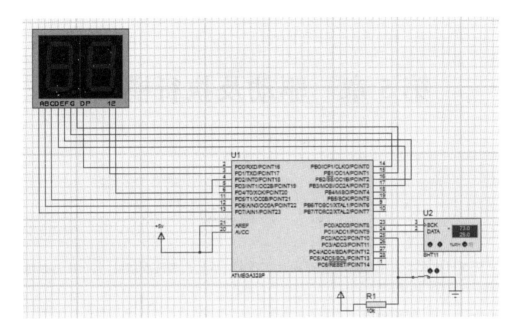

图 4.19　温湿度检测仿真电路

教材中给的参考程序,在仿真硬件电路中实现温湿度的检测及显示。

　　思考题:

　　1. 如何优化 SHT11 传感器采集温湿度程序?

　　2. 如何利用 DTH11 温湿度传感器来采集空气中的温湿度?

第5章 驱动及执行模块

5.1 声音驱动

在洗衣机把衣服洗好之后，一般是通过声音来告诉使用者洗衣结束，那么这是如何用控制器来实现这个功能的呢？

任务十一 声音报警

要实现喇叭发声，所需的硬件电路由一块 Arduino 控制板、一个扬声器、一个按键、若干个电阻元件构成，它们之间的电路连接原理如图 5.1 所示。通过对数字 0 引脚的输入检测来控制 8 引脚的输出，从而达到驱动扬声器的目的。

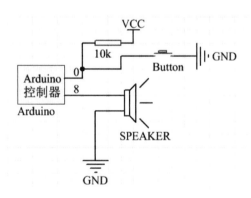

图 5.1 扬声器驱动电路原理

✓ **参考程序**

```
int speaker＝8;
int button＝0;
void setup() {
pinMode(spekaer,OUTPUT);          //8 引脚输出
pinMode(button,INPUT);            //0 引脚输入
}
```

```
void loop() {
    int n=digitalRead(0);          //从 0 引脚读取数字信号
  if(n==HIGH)                      //如是高电平则执行如下程序
  {
    delay(10);                     //消抖
     if(digitalRead(0)==HIGH);
    digitalWrite(speaker,LOW);     //关闭喇叭
    delay(7);
  }
  if(n==LOW)                       //如果是低电平,则执行如下程序
  {
    delay(10);                     //消抖
    if(digitalRead(0)==LOW);
    digitalWrite(speaker,HIGH);    // 打开喇叭
    delay(7);
  }
  }
```

✓ **硬件说明**

(1)扬声器俗称喇叭,是音频电能通过电磁、压电或静电效应,使其纸盆或膜片振动周围空气造成音响,是一种十分常用的电声换能器件(见图 5.2)。它是收音机、录音机、音响设备中的重要元件。它有两个接线柱(两根引线),当单只扬声器使用时两根引脚不分正负极性,多只扬声器同时使用时两个引脚有极性之分。扬声器有两种:一种是无源的;另一种为有源的。

图 5.2　扬声器

按工作原理分类,扬声器主要分为电动式扬声器、电磁式扬声器、静电式扬声器和压电式扬声器等。按振膜形状分类,扬声器主要分为锥形、平板形、球顶形、带状形、薄片形等。按放声频率分类,扬声器主要分为低音扬声器、中音扬声器、高音扬声器、全频带扬声器等。

扬声器是扬声器系统(俗称音箱)中的关键部位,扬声器的放声质量主要由扬声器的性能指标决定,进而决定了整套的放音指标。扬声器的性能优劣主要通过下列指标来衡量:额定功率(W)、频率特性(Hz)、额定阻抗(Ω)(扬声器的额定阻抗一般有 2、4、8、16、32Ω 等)、谐波失真(TMD%)、灵敏度(dB/W)、指向性。

扬声器的驱动:音调和节拍是音乐的两大要素,有了音调和节拍,就可以演奏音乐了。利用定时/计数器可以方便地产生一定频率的矩形波,接上喇叭就能发出一定频率的声音,改变定时/计数器的初值,即可改变频率,即改变音调。用延时程序或另一个定时器控制某一频率信号持续的时间长短,就可以控制节拍。用控制器产生音频脉冲,只要算出该音频的周期 T,然后用定时器定时 T/2,定时时间到,将输出脉冲的 I/O 引脚反相,再重新计时输

出,定时时间到再反相,重复此过程就可在此 I/O 引脚得到此音频脉冲。

例如,要产生 100Hz 的音频信号,100Hz 音频的变化周期为 1/100s,即 10ms。用定时器控制某数字管脚重复输出 5.0ms 的高电平和 5.0ms 的低电平就能发出 100Hz 的音调。乐曲中,每个音符都对应着确定的频率,每一频率都对应定时器的一个频率初值。每个节拍都有固定的时间,都对应延时程序的一个参数或定时器的一个节拍初值。可以将每一音符对应的定时器频率初值和节拍参数或节拍初值计算出来,把乐谱中所有音符对应的定时器频率初值和节拍参数按顺序排列成表格,然后用查表程序依次取出,产生指定频率的音符并控制节奏,就可以实现演奏效果。

 知识扩展

人的耳朵能辨别的声音频率大概在 200Hz～20kHz。要根据使用的场所和对声音的要求,结合扬声器的特点来选择扬声器。例如,室外以语音为主的广播,可选用电动式呈筒扬声器,如要求音质较高,则应选用电动式扬声器箱或音柱;室内一般广播,可选单只电动纸盆扬声器做成的小音箱;而以欣赏音乐为主或用于高质量的会场扩音,则应选用由高、低音扬声器组合的扬声器箱等。

扬声器上一般都标有标称功率和标称阻抗值,如 0.25W8Ω。一般认为,扬声器的口径大,标称功率也大。在使用时,输入功率最好不要超过标称功率太多,以防损坏。用万用表电阻挡测试扬声器,若有咯咯声发出说明基本上能用。测出的电阻值是直流电阻值,比标称阻抗值要小,是正常现象。

(2)蜂鸣器、扬声器和喇叭的区别:

蜂鸣器一般是高阻,直流电阻无限大,交流阻抗也很大,窄带发声器件通常由压电陶瓷发声,需要较大的电压来驱动,但电流很小,几个 mA 就可以了,所以功率也很小。蜂鸣器又分为有源蜂鸣器和无源蜂鸣器,有源蜂鸣器内有振荡、驱动电路,只要加电源就可以响了,用起来比较方便,但发声频率固定了,就一个单音。无源蜂鸣器与喇叭一样,需要加上交变的音频电压才能发声,也可以发出不同频率的声音。不过,蜂鸣器的声音是不好听的,所以经常加上方波,而不是正弦信号。

扬声器是利用电磁铁将电信号转化为机械振动信号。

喇叭是低阻,直流电阻几乎是 0,交流阻抗一般是几到十几欧姆。宽频发声器件,通常利用线圈的电磁力推动膜片来发声,也叫扬声器。

语言说明

当开关合上时喇叭不发出声音,开关打开时喇叭发出声音。

在没有硬件的条件下,为更好地理解扬声器驱动原理,设计了基于 Proteus 的仿真电路(见图 5.3),在这个仿真电路中用到四种元件:控制芯片元件,其关键词为 328p;开关元件,其关键词为 switch;扬声器元件,其关键词是 speaker;电阻元件,其关键词为 res。读者可参考本教材中给的参考程序,在仿真硬件电路中实现扬声器发声控制。

思考题:控制器如何演奏生日快乐歌?

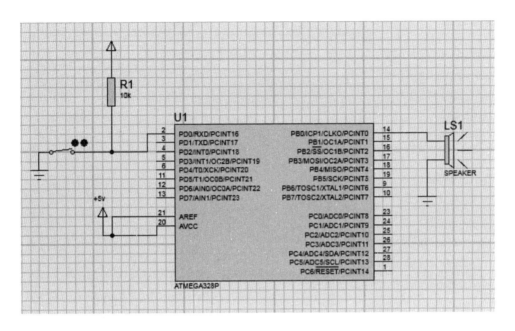

图 5.3　扬声器驱动仿真电路

5.2　直流电机

在洗衣过程中,洗衣机主要是驱动电机正反转和不同速度的转动来达到把衣服洗干净的目的。如何来实现电机的正反转和不同速度的转动呢? 可以采用直流电机、步进电机、伺服电机等。

任务十二　直流电机控制

要实现直流电机驱动,所需的硬件电路由一块 Arduino 控制板、若干个电阻、一个发光二极管和一个直流电机构成,它们之间的电路连接原理如图 5.4 所示。控制器根据按钮的按下状态,可驱动直流电机转动、加速和减速。

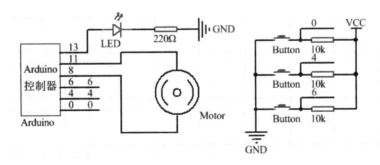

图 5.4　直流电机驱动电路原理

✓ **参考程序**

```
int dianji1＝8;
int dianji2＝11;
int sw1＝0;              //电机的控制方式
int sw2＝4;              //速度增加
int sw3＝6;              //速度减小

void setup()
{
  pinMode(8,OUTPUT);
  pinMode(11,OUTPUT);
  pinMode(0,INPUT);
  pinMode(4,INPUT);
  pinMode(6,INPUT);
}

void loop()
{
  key1();              //电机正反转
  key2();

                       //当运行 key2()和 key3()时,把 key1()函数注释掉,否则
影响效果,这里的速度增加量和减少量都是固定的,读者也通过对延时时间的控制来达到
动态调整的目的
  key3();
}
void key1()
{
  int n＝digitalRead(0);
  if(n＝＝HIGH)         //正转
  {
    delay(5);
    if(digitalRead(0)＝＝HIGH)
    {
    digitalWrite(8,HIGH);
    delay(20);
    digitalWrite(8,LOW);
    delay(20);
```

```
        digitalWrite(11,LOW);
    }
}
    if(n===LOW)          //反转
{
  delay(5);
  if(digitalRead(0)===LOW)
{
    digitalWrite(8,LOW);
    delay(20);
    digitalWrite(8,HIGH);
    delay(20);
    digitalWrite(11,HIGH);
  }
}
}
void key2()                //速度增加
{
  int m=digitalRead(4);
    if(m===LOW)
{
  delay(5);
  if(digitalRead(4)===LOW)
  {
    if(dianji1===HIGH)
    {
      digitalWrite(8,HIGH);
      delay(50);
      digitalWrite(8,LOW);
      delay(1);
      digitalWrite(11,LOW);
    }
    else
    {
     digitalWrite(8,LOW);
     delay(50);
     digitalWrite(8,HIGH);
```

```
    delay(1);
    digitalWrite(11,HIGH);
      }
      }
    }
    }
  void key3()              //速度减小
  {
    int p=digitalRead(6);
      if(p==LOW)
  {
    delay(5);
    if(digitalRead(6)==LOW)
    {
      if(dianji1==HIGH)
      {
        digitalWrite(8,HIGH);
        delay(10);
        digitalWrite(8,LOW);
        delay(50);
        digitalWrite(11,LOW);
      }
      else
      {
    digitalWrite(8,LOW);
    delay(10);
    digitalWrite(8,HIGH);
    delay(50);
    digitalWrite(11,HIGH);
    }
   }
  }
}
}
```

　　在没有硬件的条件下，为更好地理解直流电机驱动原理，设计了基于 Proteus 的仿真电路(见图 5.5)。在这个仿真电路中用到四种元件：一种是控制芯片元件，其关键词为 328p；一种是发光二极管元件，其关键词为 led；一种是直流电机元件，其关键词是 motor；最后一种是电阻元件，其关键词为 res。读者可参考本教材中给的参考程序，在仿真硬件电路中实现直流电机驱动的控制。

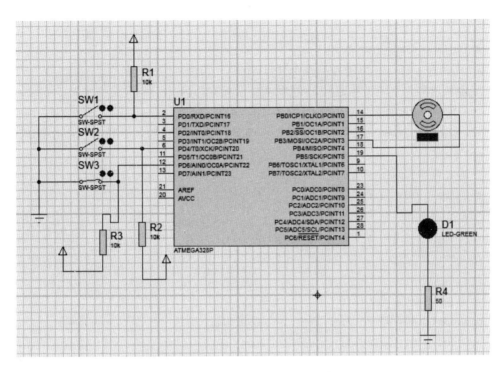

图 5.5　直流电机驱动仿真电路

5.3　步进电机

任务十三　步进电机控制

要实现步进电机的控制,所需的硬件电路由一块 Arduino 控制板、一块 ULN2003 驱动芯片、一块步进电机驱动板、一个步进电机元件构成,它们之间的电路连接原理如图 5.6 所示。控制板通过输出不同信号对步进电机进行正反转的控制。

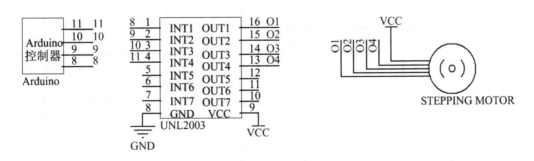

图 5.6　步进电机控制原理

✓ **参考程序 1**

```
#include <Stepper.h>
// 电机每一转动一圈所需要的步数,这个因不同的电机有所差别
//这里使用5线单极型电机,带机械减速齿轮,减速比1/16,步进角度是5.625/16
const int stepsPerRevolution = 512;
int stepperSpeed = 1;            // 设置转速
int val;                         //定义变量
//定义数字接口
int Pin0 = 8;
int Pin1 = 9;
int Pin2 = 10;
int Pin3 = 11;

void setup() {
pinMode(Pin0, OUTPUT);           //设置输出
pinMode(Pin1, OUTPUT);
pinMode(Pin2, OUTPUT);
pinMode(Pin3, OUTPUT);
Serial.begin(9600);              // 初始化串口
}
//采用单双——八拍工作方式
void loop() {
digitalWrite(Pin0, HIGH);
digitalWrite(Pin1, LOW);
digitalWrite(Pin2, LOW);
digitalWrite(Pin3, LOW);
delay(4);
digitalWrite(Pin0, HIGH);
digitalWrite(Pin1, HIGH);
digitalWrite(Pin2, LOW);
digitalWrite(Pin3, LOW);
delay(4);
digitalWrite(Pin0, LOW);
digitalWrite(Pin1, HIGH);
digitalWrite(Pin2, LOW);
digitalWrite(Pin3, LOW);
delay(4);
digitalWrite(Pin0, LOW);
```

```
 digitalWrite(Pin1, HIGH);
digitalWrite(Pin2, HIGH);
digitalWrite(Pin3, LOW);
delay(4);
digitalWrite(Pin0, LOW);
digitalWrite(Pin1, LOW);
digitalWrite(Pin2, HIGH);
digitalWrite(Pin3, LOW);
delay(4);
digitalWrite(Pin0, LOW);
digitalWrite(Pin1, LOW);
digitalWrite(Pin2, HIGH);
digitalWrite(Pin3, HIGH);
delay(4);
digitalWrite(Pin0, LOW);
digitalWrite(Pin1, LOW);
digitalWrite(Pin2, LOW);
digitalWrite(Pin3, HIGH);
delay(4);
digitalWrite(Pin0, HIGH);
digitalWrite(Pin1, LOW);
digitalWrite(Pin2, LOW);
digitalWrite(Pin3, HIGH);
delay(4);
}
```

∨　**参考程序 2**

```
//使用库函数的程序
# include <Stepper.h>
# define STEPS 300          //设置步进电机旋转一周为 300 步
//8,9,10,11(Arduino 引脚)与步进电机驱动板 IN1,IN2,IN3,IN4 相连
Stepper stepper(STEPS,8,10,9,11);
int previous=0;
void setup()
{
```

```
    stepper.setSpeed(100);          //设置步进电机转速,每分钟 100 步

}
void loop()
{
stepper.step(1000);              //正转 1000 步
delay(1000);
stepper.step(－1000);            //反转 1000 步
delay(1000);
}
```

✓ 硬件说明

(1)步进电机

步进电机是一种将电脉冲信号转换成机械角位移或线位移的电磁机械装置。它所使用的电源是脉冲电源,所以也称为脉冲马达。每当输入一个电脉冲,电动机就转动一定角度从而前进一步。脉冲一个一个地输入,电动机便一步一步地转动。转动的角度大小与施加的脉冲数目成正比,转动的速度大小与脉冲频率成正比,转动的方向与脉冲的顺序有关,同时它又不容易受到电压波动和负载变化的影响,具有一定的抗干扰性。它本身的控制特点决定了适合采用微机,即单片机来进行控制。电机与驱动电源之间的相互配合的默契程度决定了步进电机运行性能的大小,同时也是影响电机发热等特点的关键因素。

步进电机主要由转子和定子两部分组成,如图 5.7 所示。转子和定子均由带齿的硅钢片叠成。定子上又有若干相的绕组。当某相定子绕组通以直流电压激磁后,便会吸引转子,令转子转动一定的角度。向定子绕组轮流激磁,转子便连续旋转。

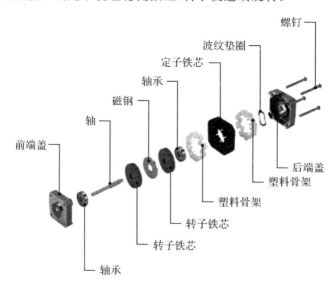

图 5.7 步进电机组成

步进电机的种类很多,按运动方式分,可分为旋转式、直线式、平面式;按绕组相数分,可分为单相、两相、三相、四相、五相等。各相绕组可在定子上径向排列,也可在定子的轴向上分段排列。

①步进电机工作原理

电机一旦通电,在转子和定子间将产生磁场(磁通量 Φ),当转子与定子错开一定角度时,便会产生电磁力 F。F 的大小与电机有效体积、匝数、磁通密度成正比。因此,电机有效体积越大,励磁匝数越大,转子和定子间气隙越小,电机力矩就越大,反之亦然。

步进电机转子上均匀分布着很多小齿,相邻两转子齿轴线间的距离为齿距,以て表示。定子齿有 4 个励磁绕组,其几何轴线依次分别与转子齿轴线错开 0、1/4て、2/4て、3/4て,即 A 与齿 1 相对齐,B 与齿 2 向右错开 1/4て,C 与齿 3 向右错开 2/4て,D 与齿 4 向右错开 3/4て,A′与齿 5 相对齐(A′就是 A,齿 5 就是齿 1)。按照一定的相序导电,电机就能正转或反转。只要符合这一条件,理论上就可以制造任何相数的步进电机,但出于成本等多方面考虑,市场上一般以 2、3、4、5 相为多。下面以 4 相步进电机为例,其工作原理如图 5.8 所示。

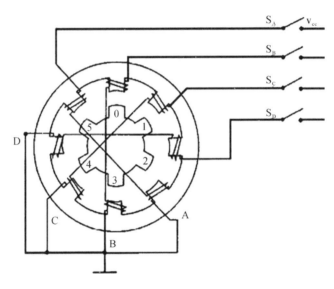

图 5.8 步进电机工作原理

开始时,开关 SB 接通电源,SA、SC、SD 断开,B 相磁极和转子 0、3 号齿对齐;同时,转子的 1、4 号齿就和 C、D 相绕组磁极产生错齿,2、5 号齿就和 D、A 相绕组磁极产生错齿。当开关 SC 接通电源,SB、SA、SD 断开时,由于 C 相绕组的磁力线和 1、4 号齿之间磁力线的作用,使转子转动,1、4 号齿和 C 相绕组的磁极对齐。而 0、3 号齿和 A、B 相绕组产生错齿,2、5 号齿就和 A、D 相绕组磁极产生错齿。依此类推,A、B、C、D 四相绕组轮流供电,则转子会沿着 A、B、C、D 方向转动。

四相步进电机按照通电顺序的不同,可分为单四拍(A—B—C—D)、双四拍(AB—BC—CD—DA)、八拍(A—AB—B—BC—C—CD—D—DA—A)三种工作方式。单四拍与双四拍的步距角相等,但单四拍的转动力矩小。八拍的步距角是单四拍与双四拍的一半,因此,八拍既可以保持较高的转动力矩,又可以提高控制精度。

②步进电机与控制器接口

使用步进电机前一定要仔细查看说明书,确认是几相,各个线怎样连接,然后考虑如何输出控制信号。控制器的输出脉冲信号要控制步进电机工作,一般要经过两个过程:一是环行分配器,它的作用是给步进电机输出所需的相信号(即上述讲的单拍四相、双拍四相、单双八拍四相信号);二是驱动电路,它的作用是放大电流信号,达到步进电机所需的功率要求(本程序采用的步进电机空载耗电在 50mA 以下,在有负载的情况下需要更大的电流,而Arduino 控制器的输出电流在 40~50mA)。目前,步进电机驱动电路有很多专用芯片,如UNL2003、TIP122、FT5754 等。

a. 1 相驱动

1 相驱动方式是只有一组线圈被激磁,其他线圈休息。正转激励信号为:1000→0100→0010→0001→1000;反转激励信号为:1000→0001→0010→0100→1000。在控制器上要产生这个序列信号,只需要对应的数字管脚输出高电平即可,经过一段延时,让步进电机建立磁场及实现转动后,然后一位一位对信号进行移位从而实现步进电机的正反转。

b. 2 相驱动

2 相驱动时,正转激励信号为:1100→0110→0011→1001→1100;反转激励信号为:1100→1001→0011→0110→1100。在控制器上要产生这个序列信号,可先在对应的相邻的两个数字管脚上输出高电平,经过一段延时后,根据信号的要求进行左移或右移输出即可。

c. 1 相和 2 相混合驱动

1 相和 2 相混合驱动时,正转激励信号为:1000→1100→0100→0110→0010→0011→0001→1001→1000;反转激励信号为:1000→1001→0001→0011→0010→0110→0100→1100→1000。在控制器上要产生这个序列信号,可先在对应的数字管脚上输出一个高电平,经过一段延时,让步进电机建立磁场及实现转动后,这个信号保持不变,然后相邻数字管脚再输出一个高电平,根据信号的要求进行左移或右移输出即可。

由于步进电机在加电启动时,定子与转子的位置是随机的,不一定符合客户的要求。因此,使用之前应该先定位。否则,可能会出现非预期的状况。最简单的定位方法是,先送出一组驱动信号,让步进电机工作一个循环。如对 1 相驱动,则依次送出"01H""02H""04H""08H"4 个驱动信号,步进电机即可抓住正确的位置,此即为定位或归零。

本次实验使用的步进电机如图 5.9 所示,是四相的(也可以接成 2 相使用),这款步进电机带有 64 倍减速器,步进电机直径:28mm,电压:5V,步进角度:5.625×1/64,减速比:1/64,5 线 4 相,该步进电机空载耗电在 50mA 以下。由于功率不够,故采用普通 ULN2003芯片驱动,其可以有两种连接方法:一种是直接在面包板上搭 ULN2003 芯片驱动电路;另一种是把这种电路做成驱动板,直接通过接口与控制器相连。步进电机的不同颜色的线定义如下:四相步进电机红线(5)接正电源,橙色(4)、黄色(3)、粉色(2)、蓝色(1)各对应一相,只要根据信号的要求给予所需相有效电平就可以。下面举单双—八拍工作方式为例,即橙色(单相)—橙色和黄色(双相)—黄色(单相)—黄色和粉色(双相)—粉色(单相)—粉色和蓝色(双相)—蓝色(单相)—橙色和蓝色(双相)—橙色(单相),继续循环,步进电机的转动方向也是按照这个方向转动的。这里的橙色(单相)指的是橙色线一相加电驱动,橙色和黄色(双相)是指橙色线和黄色线两相同时加电驱动,以下类同。

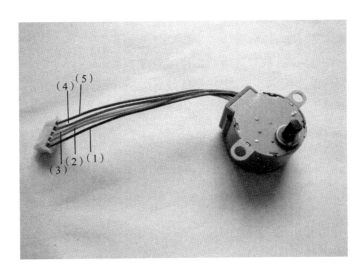

图 5.9　四相步进电机

（2）ULN2003 芯片

ULN2003 是高耐压、大电流复合晶体管阵列非门电路，由 7 个硅 NPN 复合晶体管组成，每一对达林顿管都串联一个 2.7kΩ 的基极电阻，在 5V 的工作电压下能与 TTL 和 CMOS 电路直接相连，可以直接处理原先需要标准逻辑缓冲器来处理的数据。它输入 5V TTL 电平，输出可达 500mA/50V。每个单元驱动电流最大可达 500mA，9 脚可以悬空，可直接驱动继电器等负载。

ULN2003 芯片是高压大电流达林顿晶体管阵列系列产品，具有电流增益高、工作电压高、温度范围宽、带负载能力强等特点，适应于各类要求高速大功率驱动的系统。其 16 个引脚（见图 5.10）的功能如下：

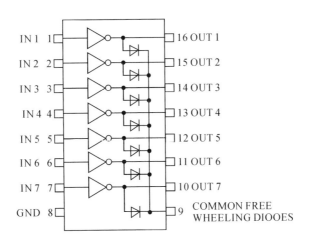

图 5.10　ULN2003 芯片引脚

引脚 1：信号脉冲输入端，端口对应一个信号输出端。

引脚 2：信号脉冲输入端，端口对应一个信号输出端。

引脚 3:信号脉冲输入端,端口对应一个信号输出端。

引脚 4:信号脉冲输入端,端口对应一个信号输出端。

引脚 5:信号脉冲输入端,端口对应一个信号输出端。

引脚 6:信号脉冲输入端,端口对应一个信号输出端。

引脚 7:信号脉冲输入端,端口对应一个信号输出端。

引脚 8:接地。

引脚 9:该脚是内部 7 个续流二极管负极的公共端,各二极管的正极分别接各达林顿管的集电极。用于感性负载时,该脚接负载电源正极,实现续流作用。如果该脚接地,实际上就是达林顿管的集电极对地接通。

引脚 10:脉冲信号输出端。

引脚 11:脉冲信号输出端。

引脚 12:脉冲信号输出端。

引脚 13:脉冲信号输出端。

引脚 14:脉冲信号输出端。

引脚 15:脉冲信号输出端。

引脚 16:脉冲信号输出端。

∨ 程序说明

程序 1 是不使用库函数来编写的,采用单双四相八拍的工作方式,驱动按照 A—AB—B—BC—C—CD—D—DA—A 的顺序,实现步进电机的转动。

程序 2 是使用库函数,这个程序中使用 Arduino 中的 8,9,10,11 数字引脚(可自行更改,但是要与主程序配套)与步进电机驱动板 IN1,IN2,IN3,IN4 相连,库函数中的 STEPS 用来定义步进电机转动一圈的步数,stepper. setSpeed()用来设置步进电机的转动速度,stepper. step()转动的步数,里面的数字可以正负,如正的是正转,负的是反转,反之亦然。其硬件如图 5.11 所示。

图 5.11　步进电机驱动硬件

在没有硬件的条件下,为更好地理解步进电机工作原理,设计了基于 Proteus 的仿真电路(见图 5.12),在这个仿真电路中用到三种元器件:一种是控制芯片元件,其关键词为 328p;一种是步进电机驱动元件,其关键词为 ULN2003;最后一种是步进电机元件,其关键词为 motor-stepper。读者可参考本教材中给的参考程序,在仿真硬件电路中实现步进电机控制。

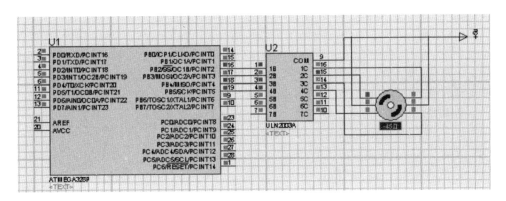

图 5.12 步进电机驱动仿真电路

思考题:控制器如何实现不带库函数的步进电机的正反转?

参考文献

［1］李林功,吴飞青,王兵等.单片机原理与应用［M］.北京:机械工业出版社,2007

［2］谭浩强.C程序设计［M］.2版.北京:清华大学出版社,2002

［3］吴飞青,俞恩军等.电工电子学实践指导［M］.北京:机械工业出版社,2012

［4］http://en.wikipedia.org/wiki/Arduino

［5］http://www.arduino.cc

［6］http://mah-webb.github.io/courses/da606a/workshops/ws2.html